U0918303

不纠结

唤醒心中的正能量

BU JIU JIE

HUANXINGXINZHONGDEZHENGNENGLIANG

王可飞◎著

中国纺织出版社

内 容 提 要

当面对生存的压力和生活的烦恼时，我们常常会被内心的纠结、躁动、恐惧和焦虑所裹挟，开始抱怨生活不给力，内心很纠结，幸福感越来越渺茫……因此，本书将围绕情绪改变、性格培养、思维意识、心理健康、人际协调、内心向善、提升心灵能量等诸多方面，将心理课、人生哲学、经典智慧案例巧妙地糅合在一起，帮助读者摆脱心灵世界的烦恼与困扰，找到真实的自己，成就快乐、美满的人生。

图书在版编目（CIP）数据

不纠结：唤醒心中的正能量 / 王可飞著. --北京：中国纺织出版社，2013.7（2024.4重印）
ISBN 978-7-5064-9578-3

Ⅰ. ①不… Ⅱ. ①王… Ⅲ. ①成功心理-通俗读物 Ⅳ. ①B848.4-49

中国版本图书馆CIP数据核字(2013)第017296号

责任编辑：徐丽丽　　责任印制：储志伟

中国纺织出版社出版发行
地址：北京朝阳区百子湾东里A407号楼　　邮政编码：100124
邮购电话：010-64168110　传真：010-64168231
http://www.c-textilep.com
E-mail:faxing@c-textilep.com
北京兰星球彩色印刷有限公司印刷　各地新华书店经销
2013年7月第1版　2024年4月第2次印刷
开本：710×1000　1/16　印张：17
字数：196千字　定价：76.00元

凡购本书，如有缺页、倒页、脱页，由本社图书营销中心调换

不纠结，
生活的目的是成长，
成长为你能力所及的模样。
排除纠结的负能量，传递心灵的暖流，教你过上幸福、快乐的生活。

你还在纠结吗？

快乐的一切要素，都在你心里。

正能量，提振内心活力，让世界灵动和绚烂，让你赢得真正的快乐和成功。

前 言 Preface

宁静的心灵是快乐生活的起点

我们为什么会纠结？

因为人的一生会有各种需求和欲望、道德和爱心、恐惧和坚持等的纠缠，这些看似稀松平常的问题或情感，却深深地影响着每个人的生活和心情。

当下的社会既充满了充沛的活力，又时时给人一种无形的重压感。人们不仅被不安、烦恼、恐惧和焦虑的情绪所裹挟，更为艰难的，未知的情绪所左右，时常会有一种无力感。现代人的幸福和快乐渐渐被生活的重负和心理的压力所取代。每个人或多或少都有一些心理问题，不要不承认，大家其实都一样，我也不例外。

别人有房子，你有没有？别人开宝马，你有没有？别人的房子比你的大，职位比你的高；别人的收入是你的三倍；物价上涨，手头拮据；你的同事用的是 Iphone5，你用的是 5 年前的摩托罗拉……

生活如此不给力，能不纠结吗？

可以不纠结！

因为，生活的目的是为了成长，成长为你力所能及的样子！

我们为什么不快乐？

面对诸多现实问题找不到合理的解决办法，让抑郁的心理占据了理智的上风，以至于内心纠结，找不到快乐的理由。

你的幸福是不是越来越少？

其实，真正的快乐源于对生活的态度，而非生活加诸于你的一切。

浮躁攀比心理的存在迫使大多数人使尽浑身解数去拼、去搏，以求获得更加丰裕的物质享受或更高一级的职位、官位。如果在此过程中，你博得了头彩，那恭喜你，你可以尽情享用了。但如果想得到的东西永远也得不到，这就关乎心情快乐，人生幸福、美满的问题了。如果想要破解这个人生深奥的命题，很大程度上取决于一个人是否拥有一颗宁静的内心。

弥尔顿在《失乐园》中有一句话："意识本身可以把地狱造就成天堂，也能把天堂折腾成地狱。"不快乐的人，往往是没有节制沮丧、悲观的负能量，让其任意蔓延所致。

我们需要什么样的能量？

自然万物，有雄有雌，有阴有阳，能量亦是如此，有正有负。负能量是宇宙万物中潜藏的一种暗能量，它平日里不以"真面目"示人，但在暗地里却操控着你的内心和情绪，它往往对我们的生活和内心具有极大的破坏性，如不及时清理，定会给心灵带来难以预计的灾难。

美满的人生，需要正能量。进取、乐观、真诚、仁慈、友善、宽容、和谐等都是正能量，正能量越强大，遇事更容易解决，纠结等负能量将无处遁形，内心也就愈加强大。因此，它可以给你的生活找到希望的出口，找到光明的未来。

如何让心灵宁静，使生活快乐？

美国前总统罗斯福说："幸福不只在于有多少钱，而是在于有成就的喜悦和创造的兴奋。"物质的富有不一定会带来内心的怡然和生活的快乐。

生活中难免会困苦和忧惧并驾齐驱，这会使人出现纠结的心理感受，但我们必须勇敢地去面对，让自己内心坚强，学会生存的智慧，正因为如此，我们才要不断积累人生的正能量，以应对万变的世事。

当你在生活中遇到困难、痛苦、彷徨时；当你遇到不如意的事，心情低落、沮丧时；当你在生活中遇到挑战、抉择时……这种种的问题，都是人们必须面对却无法回避的问题。如果能将本书中提到的修炼心灵的能量和智慧与生活中所遇到的问题灵活地运用，定会使那些根植于人们心灵的痛苦或和烦恼得到缓解，并能给自己未来健康、乐观的生活提供积极的帮助。

本书能给你带来什么？

当你打开此书时，未必是自己所期待的，但当你看完本书时却会获得心灵的提升和转变。你因此会获得更多的喜乐，更大的自在，减少内心的纠结和困扰。它不是教你改进什么，而是帮助你找到真实的自己。

本书力求从理论和现实两个维度阐释人们生活中遇到的种种问题，

并使读者在读后能够获得更多解答困惑的方法和体验，但这件事相当不易。尽管如此，我仍旧努力站在一个全新的视角，阐述我的观点，这种做法已使我在日夜忙碌后，感到莫大的欣慰和坦然。

作为平凡的人，我深知自己的智慧无力推动人们心理更深层次的改变，更无力影响社会的进步。因此，在此过程中吸收了前人的研究成果、借鉴了前人的智慧，希冀能够以此充实自己的内心，激发内心潜藏的正能量，改善读者的精神世界，为读者带来美妙的心灵体验。

为了能够让人们在现代社会中摆脱心灵世界的烦恼与困扰，将人性中的弱点逐一克服，本书试图从情绪改变、性格培养、思维意识、心理健康、人际协调、内心向善、提升心灵能量等诸多方面入手，将心理课、人生哲学、经典智慧案例巧妙地糅合在一起，帮助你摆脱生活的烦忧，减轻生活的重压，超脱心灵，成就快乐、美满的人生。

现在，打开这本书，开始一场非同寻常的心灵之旅……

王可飞

2012.12.10

目录 Contents

第四章　心和：开启内心的暖能量，消受沉静之美

第五章　心静：平衡情绪，关照心灵的秘钥

第六章　心境：放开心，生命有无限可能

第七章　心禅：一念转境，尘缘三千化尽

第一章 心坚：提振内心，消除人生负能量的魔力

我们生活的世界并不完全是一个安宁和平静的世界，任何人的一生也不可能事事如意，生活的每个角落都遗落着或明或暗的恐惧、焦虑、困顿与彷徨。生活在这样一个复杂多变，物质丰富而精神贫瘠的年代，每个人必定要为生存而付出代价，这其中就包括心灵的压力，虽然这是一种正常的情感体验，但是为了积极、阳光地成长，我们更应积聚正能量，控制那些负能量对人生的销蚀。

你在为什么而焦虑？

即使在每个晴朗的日子，如果心中充满大量的疼痛、痛苦、难熬的事，你的内心也是阴郁、悲观、颓废，甚至歇斯底里的，这一切需要适当地宣泄，需要学会放松心情，用积极、阳光般的心态驱散心中的乌云。学会做自己情绪的主人，让内心的焦虑和沮丧烟消云散，让快乐的笑靥如花般绽放。

焦虑，是一种非常折磨人内心的情绪状态。通常会让你觉得心情烦躁、坐立不安、忧心忡忡，有时还会伴有胸闷、头疼、心慌气短、冒冷汗、口干等等身体不适症状。现实生活中，有不少人在不同程度上有焦虑情绪。

我们可以看看周围的人，经常会有人发出这样的感慨："我曾经多么渴望能来北京，能在北京工作、生活，这是一个非常令我向往的地方，这里不但有众多的名胜古迹，还有很多让我成功的机会和美好的前景，可是现在感觉到的全是压力，没有丝毫的兴奋感。"

有些人曾经可能有不错的收入和闲适的生活，但是为了追求更好的生活，或更大的事业，从农村或是二三线城市走向大都市，可是随之而来的是面对高房价、高强度工作的考验，还要每天像打仗似的挤公交、挤地铁，甚至眼瞅着孩子出生了，连个户口都没法办理，孩子以后上学怎么办？将来考学怎么办？……

生活中，这样每日奔波劳累、前景预期却并不乐观的普通人不可胜数。有人在对高房价、高物价惶恐不安，有人在为一份称心的工作劳碌奔波，有人在为退休后的待遇愁眉苦脸，有人在为结婚生子抓耳挠腮，有人在抱怨钱包干瘪、压力山大，有人在痛斥看病难上加贵，有人忧虑种菜没销路、化肥不断涨，有人在纠结高考榜上无名、脚下的路是通往何方？甚至有人在担心路上会不会堵车、有没有停车位、吃工作餐的时候能不能抢到位子……

大多数人都有担忧或忧虑的事情，但焦虑的程度不同，造成的结果却是天壤之别的。多数人因为某事会一时焦虑，这倒无所谓，没多久就会自己内心消化掉了。值得警惕的是那种钻牛角尖似的行为，对某事耿耿于怀，将自己长期陷入深重的焦虑之中，痛苦地挣扎着，却没有勇气摆脱。由此可见，焦虑绝大多数人都会有，但程度不一样造成的心理伤害和事实结果也不一样，关键是，我们应该怎么办？

换种方式，让心情美好

快乐的生活来自你的决定。快乐与不快乐不是外界强加于你的，而是你对生活作出的一种选择，是你的一种心态。

当困扰的事让你寝食难安的时候，当困难接踵而至的时候，当无数的问题堆积在一起的时候，你不纠结才怪呢！但是，纠结一时还行，时间一长就会对身心造成伤害，因此，我们还是得想个法子，让心情好起来，不能在困难面前自己先倒下去，不然你留着问题让谁来解决？

下面告诉你几种解决焦虑，改变心情的好方法：

首先，要放宽心怀，心才能安稳。

要想在竞争激烈的社会中拔得头筹，就必然会遇到各种磨炼，在此过程中有人成功了，有人失败了。成功肯定值得高兴了，但是失败也没必要沮丧，与其这样何必要竞争，竞争就是一种规则，有输有赢，输赢都是人生，都是你追求人生的一个过程，用平常心视之，让自己的主观思想不断适应客观世界的变化、发展，不要企图将客观事物纳入自己主观思维的轨道，这样非但行不通，而且会造成自己内心消极情绪的产生。

放宽心，让那些本来就烦心的事随风飘逝吧，相信生命中总有一些东西比我们眼下觉得纠结在意的更加重要、更加美丽，也更加吸引人，只要你放宽心，你会得到它们的。

其次，正视问题，用自我疏导让心灵通畅。

你生活在一个什么样的环境中，首先你要认识这个环境，其次是接受可以接受的，改变能够改变的，实在没办法的那就只好放弃了。试着寻找焦虑背后的心理原因，比如自己是否太过追求完美、太看重事物的结果、太注重他人评价等。接受现实，调整目标，调低期望值，根据问题产生的原因，有目的地进行自我疏导。很多人内心的纠结都来自不愿意正视问题，不愿意面对现实压力，才会产生心理的冲突，如婚姻矛盾、工作压力、生活困境、人际冲突等，我们只有学会正视并及时解决它们，才会给生活和心灵带来新的转机；一味地逃避，只会使问题更为复杂和麻烦。

最后，无论外界怎么变，你都要快乐地生活。

成功的喜悦是自然的，但不要骄傲；走出困境需要勇气，需要不急不躁的耐心，也需要一定的恒心。世事的变化有时候是出人意料的，尽管如此，我们还是要用实际、有效的方法去守护好自己的心灵，寻找更多使生活愉快的途径，只有当我们快乐的来源越多，我们就越少惧怕失落，越少焦虑，就不用再为大大小小的事而纠结了。

生活是多变的，也是多彩的，只要我们愿意，每时每刻我们都能享受到生活的快乐。

困顿面前先安顿好自己的心

一个内心强大的人，为人处世不骄不躁、不咄咄逼人，不会在成功时手舞足蹈，也不会在失败时捶胸顿足。待人处世灵活机变，能屈能伸，能以无招胜有招，无形胜有形的处世之道沉着应对，以微笑的、温柔的、韧性的心态，淡定地化解生活带来的困扰，活出更加完美的自己。

人活在世上，各有各的活法，各有各的追求，每个人都用亲身经历书写着自己的“生活经”。其实，无论你选择什么样的生活，这一切都无关紧要，重要的是你过得幸福吗？有人选择了粗茶淡饭、茅屋草舍；有人选择了山珍海味，锦衣玉食，这一切都和幸福无关，和幸福有关的是这种生活给你带来的心灵体验。如果简单的生活能让你吃得香甜，睡得安稳，能够心灵踏实、惬意，何苦要死拽着名利不放呢？而物质丰裕，有职有权，却身心疲惫，藏着掖着小私心，惶惶不可终日，对短暂的人生来说又有多大意义呢？指不定哪天还会落得个身败名裂、身陷牢狱的下场呢！

这样说，不是教你放弃对生活的追求，而是告诉你，人要坦然面对生活的起起落落，不骄不躁，顺境逆境都是人生的一种体验，简单生活和高品位的生活都是生活，一切都与幸福无关，和幸福有关的是你的心灵。

我想没有谁能够在面对外界的变化，内心没有丝毫的波动，从自身来说，我也做不到。比如有专栏约稿，用一晚上的时间写完了，第二天对方来电话通知：这期不能上了，以后看情况安排吧！这个时候最多只能嘴上说：好的，听你们的安排！但你心里没有一点点的抱怨、失落、纠结？再比如说，三十多个员工的绩效考核，你的业绩远远超出其他同事，不仅得到领导的口头表扬，还得到公司一笔数额不小的奖金，你能内心一片湛蓝得和湖水一样平静又平静吗？所以，在这里我和大家一起体验面对人生的得意或是失意，我们如何才能尽最大可能让自己保持一颗不骄不躁的心，让自己正视它、超越它，取得不断的进步，活出精彩的自我。

人生路上，随时都有可能遇到风浪旋涡、艰难曲折，相信谁都不愿遇到这些坎坷或是不幸，因为它会影响我们的生活、家庭、心情，会给人添麻烦，甚至带给人痛苦。但是，人生无常，意料之外的事往往更能摧毁我们的心理防线，这就需要先安顿好我们的心。强悍的人生必定是经过人生风雨的洗礼、岁月沧桑的漂染而来的，正因为如此，才使我们的心由脆弱变得坚强，由浮躁变得沉稳，由稚嫩变得成熟。从这个方面来说，艰困也是人生的一笔财富，我们完全可以坦然地接纳，不必焦虑。

由内而外活出真实的自己

> 各人有各人理想的乐园，有自己所乐于安享的世界，朝自己所乐于追求的方向去追求，就是你一生的道路，不必抱怨环境，也无须艳羡别人。
>
> ——罗曼·罗兰

一个人的心态，决定一个人的生活质量。具有积极生活心态的人，他的精神世界也会是丰富多彩的。所谓乐观，就是一种正向的、积极的人生取向，就是面对挫折、逆境、内心纠结时还能鼓起勇气，相信朝着目标方向追求就能成功的心态。心态乐观的人，生活处处充满生机；心态乐观的人，能化解人生路上一切的纠结和困扰，具有强大的生命能量，能聚集人脉、拥有财富；心态乐观的人，有一种自立自强的勇气，能保持旺盛的生存态势，拥有幸福的人生。

由内而外活出一个真实、乐观、积极的自我，遇到问题时才不至于纠结，也就不会消极地面对世事。这种快乐、积极的心态对一个人的影响真的是非常大的，有时候可以说是成败的决定因素，就像下文中的这个秀才。

古时候，有位秀才进京参加科举考试。考试前几天他连续做了三个梦，第一个梦是梦到自己在墙上种白菜，第二个梦是下雨天，他戴了斗笠还打伞，第三个梦是梦到跟心爱的表妹躺在一起，但是背靠着背。秀才不知道这些梦有什么征兆，心里惶惶不安，于是，去找算命先生给自己解梦。算命先生一听，拍案惊呼：“你还是回家吧。你想想，高墙上种菜不是白费劲吗？戴斗笠打雨不是多此一举吗？跟表妹都躺在一张床上了，却背靠背，不是没戏吗？”秀才一听，心灰意懒，回店收拾包袱准备回家。店老板非常奇怪，问：“不是明天才考试吗，今天你怎么就回乡了？”秀才如此这般说了一番，店老板乐了：“哟，我也会解梦的。我倒觉得，你这次一定要留下来。你想想，墙上种菜不是高种吗？戴斗笠打伞不是说明你这次有备无患吗？跟你表妹背靠背躺在床上，不是说明你翻身的机会就要到了吗？”秀才一听，觉得更有道理，于是精神振奋地参加考试，居然高中了个探花。

很多时候我们不是输给了竞争对手，而是输给了自己的心态。现实生活中，有些人把一点点小事翻来覆去地想，最后让自己的心灵纠结不堪，在悲观、沮丧、忧郁、后悔、自责、怨天尤人等负面情绪的影响下，往往会作出错误的判断，让机会从眼前溜走。

因此，不要责怪命运的不公，不要抱怨人心的险恶，用乐观的心态面对生活，你就拥有了新的希望；积极地看待事物，眼前就会一亮，机会就出现在你的眼前。

乐观是换一种思维的活法

乐观的心态如一缕阳光，给失意的心灵以慰藉；乐观的心态如一朵祥云，给彷徨的心灵以坚定；乐观的心态如一汪泉水，给干涸的心灵以滋润；乐观的心态如一丝清新的空气，给纠结的心灵以惬意。心态乐观，懂得遇山开路，事业可成，天下尽欢！

对于职场中做销售的人来说，被拒绝是司空见惯的事，但是遭到拒绝后，乐观的人也许会想："你不就是有几个破钱嘛！有什么好神气的，大不了不做你的生意，老子干吗非要看你的脸色行事、非要在一棵树上吊死，我还可以发展更好的客户"；而悲观的人也许会想："这次又失败了，回去没法向领导交差，说不定还会被'炒鱿鱼'，要是这样，我就失业了，失业了就没有了经济来源，房租没法缴、生活费没有了……这个代价实在太惨重了。"同样的道理，就正如大家熟知的两个推销员去非洲卖鞋的故事。他们到非洲后的见闻，让一个推销员觉得：这里的人都不穿鞋，推销鞋根本毫无意义，要求返回；而另一个推销员却觉得：机不可失！这里有广阔的市场空间，因为这里的人都没有鞋子。

乐观的人会从困境中发现希望，找到突破口；而悲观的人则会陷入情绪的旋涡，让事情走向更糟的地步。因此，同一件事，不同人对待问题的态度不同，其结果也是截然不同的。

当你用阳光的心态面对生活时，生活处处都充满了阳光；当你消极地对待它时，也许剩下的也只能是自怨自艾、消极抱怨了。

卡耐尔 · 桑德斯是肯德基炸鸡的创始人。65 岁时他开始经营餐馆，生意兴隆。但是，由于修路，他的餐馆搬迁，顾客由此骤减，最终倒闭。但卡耐尔没有在失败面前退缩，更没有被失败的阴影笼罩他前进的方向，他开始遍访美国国内的餐馆，教给各家制作炸鸡的秘诀——调味法。每出售一份炸鸡，他便获得 5 美分的回报。5 年后，出售这种炸鸡的餐馆已遍布美国和加拿大，达四百多家。

试想，如果当初餐馆倒闭后，卡耐尔内心消沉，纠结于眼前的失意，不能以乐观的心态去面对，没有遇山开路的精神，怎会有今日众所周知的美味肯德基呢？正是他以乐观心态迎接了命运的挑战，才有了人生路上“柳暗花明又一村”的转折。

人之一生不可能总是一帆风顺，要风得风，要雨得雨的，一个人不可能整日都沐浴在温馨和煦的阳光下，每个人或多或少都会经历不同的苦闷、忧郁、失落、烦恼、失败等，谁能笑到最后，关键是看你用什么样的心态去面对。

寻找生活新的希望

> 生命苦短，但这既不能阻止我们享受生活的乐趣，也不会使我们因其充满艰辛而庆幸其短暂。
>
> ——沃维纳格

一位智者说："生性乐观的人，懂得在逆境中找到光明；生性悲观的人，却常因愚蠢的叹气，而把光明给吹熄了。当你懂得生活的乐趣，就能享受生命带来的喜悦。"

其实，生性乐观的人，不仅可以随时享受喜悦，也能经常收获成功。

当爱迪生研究电灯时，先后选用了竹棉、石墨、钽、稻草、砂纸、线、马尼拉麻绳、马鬃、钓鱼线、麻栗、硬橡皮、栓木、玉蜀黍纤维、胡须、头发等共1600余种物质做灯丝材料，进行了1400多次试验，历时10余年。一般人也许早就不能承受如此多的挫折了，他却一直兴致勃勃、信心十足地进行着他的试验。终于有一天，命运被他的耐心折磨得失去了耐心，向他投降了，于是，人类开始有了真正的电灯。

后来，有人问爱迪生："当您失败一千次的时候，有何感想？"

他的回答让人出乎意料："当时我并没有失败一千次，我只是发现了一千种行不通的方法。"

后来，一场大火烧光了爱迪生所有的设备和资料，那可是他多年的心血结晶啊！妻子担心他受不了，试图安慰他。没想到，他看着遍地余烬，满不在乎地说："大火把所有的错误全烧光了，现在可以重新开始了！"不久后，他就有了多项新发明。

一个把"太阳"放在心里的人，就连厄运对他都无可奈何。所以，当一个人内心乐观时，就没有什么能阻止他通向成功。

乐观的心态很重要，可是现实生活往往会有很多的坎儿要我们去过，人生的道路没有一马平川，前方难以预料的事情实在太多了，在这些纷繁复杂的事物面前，我们应该抱持什么样的人生态度，这将直接影响到我们今后的生活。古人云：人有悲欢离合，月有阴晴圆缺，此事古难全。人生不可能尽如人意，在面对困难时多往好的一面想并能为此而付出努力。当棘手的问题接踵而至时，我们能够拿出遇山开路的气魄，用乐观的精神来面对，用积极的心态去战胜它。

但是，豁达的心态也不是盲目地自欺欺人，也并非像阿Q一样的"精神胜利法"，对工作中遇到的问题不是逃避，也不是"无所谓"的消极。如：没完成业绩，觉得没什么大不了，不就是少拿点奖金吗？拿不到奖金也无所谓，反正手头有积蓄，大不了再向父母寻求点儿"支援"就完事了，这样的"豁达"和消极是没什么区别的，最终也难以突破自我，取得好的成绩，更不会走向成功。

每个人的生命开始都如一张白纸，有很大的可塑性，也存在很多的不确定性，你可以价值非凡，也可以一文不值，甚至是负值，关键不是你长得多好看，拥有多高的学历，拥有多显赫的家庭背景，而在于你的心态。

由内而外活出真实的自己，积极乐观的心态，可以消除人生路上一切的障碍，紧抓住命运的双手，直通理想的彼岸；而消极的心态，可能会消磨掉先天的优势，散尽千金，被纠结的心灵粉碎掉所有的梦想，最后变得一无所有。

自立自强，生活就是为了成长

积极的人生态度，自信地认识事物可以让你的生活充实而不纠结。就像丁玲说过的那句话："人生就像爬坡，要一步一步来。"生活并快乐着，是需要积累成长的力量，只有拥有成长的力量，我们才不会被外物所羁绊，也不会消极地面对人生，更不会时时抱怨，遇事纠结，因为成长，让我们拥有一颗坚强、积极、乐观向上的心。

现实中有很多人遇事斤斤计较，成天唉声叹气，怨东怨西，那么，你可曾问过自己，每天生活是为了什么？其实这个问题很具有挑战性，对于一个人来说，每一年、每一月、每一天的生活内容和生活目的都是完全不同的。你如何规划自己的生活，如何确定自己的目标是否能够实现？你又是通过什么方式来判断自己的成功和幸福的呢？

这个问题，每个人的答案相信都不会相同，有的人觉得是应该买一套更大的房子，开一辆更好的车子；有的人会觉得是找一份称心如意、收入丰厚的工作；有的人觉得是让家里人过得开心、健康、快乐，过上衣食无忧的生活；有的人是想找个温柔漂亮的女孩结婚，生个孩子，组建一个温馨、舒适的小家；也有的人是为了扩大生意范围，提高个人影响力……

除此之外，也有的人会有一些小的目标，比如出去旅游，增长见识，放松心情；买件化妆品"犒劳"一下自己；买款自己心仪已久的相机，满足自己的个人兴趣……

生活方式不同，追求不同，每个人承担的压力也不同，获得的满足感也会不同，没必要愁眉苦脸、茶饭不思，一个人生活在这个世界上要承担很多的东西，一件小事何必影响你的心情，一个小小的愿望何必让自己陷入情绪之中，得到或者达成心愿固然可喜，但没有达到也不需要太在意，我们生活在这个世界上要做的事很多，每件事都会有不同的收获，有不同享受人生的方式，比如：在花季烂漫的时候，跟亲近的人撒个娇，那又有什么不可呢？在风华正茂的大学生活中努力学习，获取更多的知识，即使没能用上 ipad 那又有什么关系呢？在合适的年龄阶段与有缘的姑娘结婚，即使她不是你的初恋那又有什么关系呢？工作的时候努力赚钱，即使买不起房子、开不上轿车，只要你能展露才华，过得快乐，那又有什么不好呢？存款不多，但你每年都会给自己几天闲适的日子，放松地去旅游，那又何乐而不为呢？

不要顾虑太多，生活的目的就是为了成长，在成长中慢慢成为你想要的那样。

在改造世界之前先改造自己

人会认识宇宙，然而却不认识自我。自己往往比任何星球都来得遥远。

——柴斯达赖

西方有句名言：自己就是主宰一切的上帝，倘若你想征服全世界，你就得先征服自己。人人都渴望成功，都渴望自己的生活一帆风顺，提到成功或是事业，有很多人都有改造世界的“雄心壮志”，但却罕有人想要改造自己的想法。

让自己快乐地生活，就必须具备一定的生活技能或是生存能力，这种能力的培养不是一朝一夕之功，他需要经过岁月的磨砺，也需要自己踏实地付出，学会培养自己的能力，让自己成长。一个人不去自我改造，不能学会自立自强，那就像一株树苗，不经历风吹日晒雨淋，不接受外界的考验，何谈生根发芽、茁壮成长？成长为参天大树更是天方夜谭。

父母给我们搭建的一片温室迟早是会被岁月撤换掉的，我们迟早要经历岁月的风霜和人情的考验，尤其现代人，不可能自己孤立地去面对世界，在社会这个大熔炉里，你没有一辈子可以依靠的对象，你只能依靠你自己，那就需要学会成长，学会自立自强，学会拥有强大的心理和应付世事变化的能力。

小时候，母亲为了培养我们勤奋的习惯，经常讲一个懒汉的故事，也许有好多人的父母都讲过这样的或是与之类似的故事。曾有这样一个懒汉，他什么事都不愿意做，就连吃饭也是母亲喂他，他习惯了让母亲替他打理一切事情，他只“负责”享受。有一天，母亲要外出走亲戚，但又担心儿子挨饿，所以她想了个办法，给儿子做了一个大大的油饼圈挂在他的脖子上，母亲盘算这个油饼足可以撑到她从亲戚家来回的时间。母亲离家后的前些天，儿子饿了就张嘴来咬几口油饼，两天时间他就把脖子前面的油饼吃完了，而他懒得转动一下脖子上剩下的半圈油饼，后来等母亲回家的时候发现他被饿死了，而脖子上还留着半圈油饼。

一个被父母讲了无数遍的故事，除了让我们看到这个懒汉可笑的下场，还能给我们一点什么启示呢？它教会我们，不要太依赖别人，自己的路是需要自己走的，生活无论是曲折、艰辛，还是自在、顺畅，都需要自己去经历，如果你除了抱怨就是依赖，那结果很好想象，摆在你面前的就是死路一条！

在生活中有时候我们就如同一株需要人们精心呵护的小草，在他人的呵护和关照下成长，但更重要的是，我们应在他人的呵护过程中学会自己去成长，自己去面对外界环境的变化，这样一旦离开了他人的呵护，我们才能适应社会，才不会被现实的艰苦所难倒，不会在困难面前束手无策。

抓住机会，让自己学会成长

一个明智的人总是能抓住机会，把它变成美好的未来。

——托·富勒

一个人首先应该认识自己的内心，才能认识事物，选择正确的方向。

我们一直都是在选择中成长，在选择中走向未来。人生每一次的选择，留给我们的也许是幸运、成功，也许会是痛苦、懊悔，无论是哪种情况，我们都能从中收获人生成长的意义。有人说："人只有一次机会，如果走错了就不能再回头。"很多时候，在机会的选择面前，确实如同走独木桥，虽然你可以选择别的途径，但唯有这条是对人生最有意义的，因此我们在做人生的每一次选择时都应该更加慎重，而不能随波逐流，更不应该随意选择，事后懊恼，最后自暴自弃。

大学时候与同学参加舞会，一个室友说看到一个其他系很对眼的女同学非常想上去邀她跳支舞，但是又怕女孩拒绝，心里七上八下、犹豫不定之际，旁边有同学邀她一起去了舞池。室友就跟我们说自己好纠结，不敢去请她跳一曲，结果被别人邀走了。这时另一个室友说了一句笑话："不是早就告诉你了吗，手快有，手慢无，瞧瞧你，坐失良机了吧？"

室友这句"手快有，手慢无"，正应了我们经常说的"机不可失，时不再来"这句古话。一件小事也给我们的生活一种启示：在机会面前我们每个人都是平等的，要么你就出手，要么你就放手，请不要犹豫不定，也不要事后纠结不已。

生活中有人往往是心中有意，手下无力。只停留在想的阶段，没有做的勇气。这种人怕失败，怕拒绝，怕亏本，怕被人说三道四……因为顾虑太多而错失机会。

有同事错过了买房子的好机会，一直到现在每每说起都捶胸顿足，懊恼不已。因为 2006 年的时候，北京郊区某楼盘售价每平米 3500 元，当时他在考虑自己住，每天要换乘公交，还要挤地铁，举棋不定，后来放弃了。可是短短两年时间，这里的房子就已经远远超出了他的购买能力，到现在他仍旧租房住，几年的飙升，这里的房子对他来说已经不再是现实的目标了，现在纠结又有何用呢？

世界首富比尔 · 盖茨说："机会与我们的事业休戚与共，她是一个美丽万分而又脾气古怪的天使。她会忽然来到你的身边，如果你稍有不慎，她又会飘然而去，不管你是如何地扼腕叹息，从此她都将一去不返，永不再来。"

还有一个生活中的例子。大学时有个女同学学习相当好，家里条件也很优越，这位女生在众多男生心目中就如同女神，简直可以用众星捧月来形容她在男生心目中的位置。捧月、望月者云集，可是没人敢靠近她。大学四年结束了，一个让大家揪心不已的事实摆在了大家的面前，那位优秀的女孩嫁给了班里一个最不起眼的男生。后来得知原因是众多优秀的男生之所以没得到女同学的芳心，是因为他们觉得她各方面都太优秀，怕被拒绝，担心受打击，害怕下不了台阶，没有一个人表达过自己的心意，最终只能眼睁睁地看着别人携得佳人归。

把握住机会就等于成功了一半，没必要顾虑重重而影响你的追求，无论是事业还是爱情，你都需要勇敢地追求，成功了可喜可贺，不成功也无怨无悔。人生路上，机会稍纵即逝，要好好把握。大凡成功的人，都会敏锐地预测和判断事物，当别人犹豫或是心里纠结该不该出手的时候，人家已经瞅准机会，捷足先登了。

激情投入，聆听生命的声音

我此刻正在做的事，就是我一生中最大的事，不管是在指挥交响乐团或剥桔子。

——托斯凯宁尼

当你安静地坐在书桌旁，闭上眼睛，不用集中注意力，也不用刻意去想任何事物，只需要静静地坐着，这个时候，你的耳朵就会异常敏锐，会听到周围各种各样的声音，例如，远处传来的汽笛声，窗外的鸟鸣声，或是鱼缸里流水的声音，等等。你用这种轻松的方式去听，放松身体的同时，也放松了心中的企图、欲望、焦虑，以及现实中的纷纷扰扰，你的身体和心灵会处于一种自然的状态，所以，你听到的就是大自然中各种事物“生活”的声音。

现在，经常失眠的人越来越多，失眠除了极少数生理性的毛病外，大多数人都是由压力、焦虑、痛苦、纠结等精神因素造成的。他们心中有很多的想不通，也有很多事情想不开，有很多欲望需要满足，有很多工作想要完成，有更高的位子想要往上爬，心中充满了太多的东西，所以很难听到自己心灵的声音。

生活中成功的人，大多是能坦然面对生活的起落，能积极对待生活困扰的人。他们的身上往往会散发出一种共同的东西——做事有激情。

这种对待生活、工作、人生的积极态度，不同于一时脑热的冲动，也不同于有头无脑的蛮干，这种积极的心态是一种自我性格的修炼，通过积极正面的影响，让自己正向发展。因为你的正向能量，也会使你所从事的事业正向发展，让一切美好起来。同时，身边美好的一切又会反过来影响你形成更加积极、正面的能量。

生活中，自身的修炼需要激情，团队建设需要对工作的激情，兴趣爱好的发展同样需要激情。因此，没有激情就没有积极、正向的自我；没有激情就没有创造力，就不会有成功的事业。

当你带着激情做一件事时，你整个人的能量就好像是增长了好多倍，不但思维敏捷了，甚至连身体都变得轻盈起来。

一个有激情的人，无论环境多恶劣，情况多复杂，都会以积极、热情的态度去面对。比如在职场上，一个安于现状，“当一天和尚撞一天钟”的人，只能在面对工作的难题时抓耳挠腮，面对生活的窘迫时手足无措，因为他们放弃了原本属于他们的一缕阳光，从而使自己的事业黯然失色，这样的人何谈成功呢？他们只能面对其他人的成功心思重重，在自我内心加重一分焦虑和不安。

无论是职场，还是生活中，主动权就掌握在自己手里，不要遇到一丁点儿事就“纠结”，要学会平心静气地面对，用激情点燃梦想，用行动攻克难题，你就会把问题和困难踩在脚下。

所以，不纠结地活着，别为了工作而忽略情感、健康、生活，等等；也不要只贪图享乐、不思进取，把自己荒废掉。

确定一个专属于自己的人生目标，有了目标就有了追求的方向。为了长期对此目标保持热情，你就必须选定一个自己感兴趣的职业，这样更能保持你追求的积极性和热情。在此基础上你去完善自己每个阶段的具体内容，制订一套切实可行的行动计划。经过周密的计划，长久的工作热情，不懈的努力，你的工作不出色都难，你的人生不成功都不可能，还纠结什么？还焦虑什么呢？

做当下应该做的事，不要苛责自己，也不要放松追求。一个人既要懂得享受生活，也要懂得激情投入地追求生活。如果一味地享受生活，那就是个败家玩意儿，终将沦为生活的弃儿；如果一味地追求名利及所谓的幸福，感受不到家人殷切的期盼，听不见爱人的叮嘱、孩子的啼哭，心中已经遗忘了生命的本意，将自己的心封闭起来，只为自我的一种欲望而活着，这样的人还能听到什么？还能感受到这个世界吗？

没有谁的生活是一帆风顺的，也没有谁的生活是荆棘丛生的，别为难自己，也别在困惑中不安，卸下心中的包袱，打开心灵的屏障，用心去聆听生命的声音，做一个积极追求，而又能心安接受生活的人，拥有这种积极而坦然的生活态度，你就不会被外物困扰了。

与其艳羡完美的人生，不如安排好自己的生活

> 十全十美是上天的尺度，而要达到十全十美的这种愿望，则是人类的尺度。
>
> ——歌德

尽管谁都知道，这个世界上就不存在十全十美的事情，但是我们依旧在追寻着属于自己的完美。而面对生活的不完美，有些人开始不停地抱怨，有些人干脆打退堂鼓退缩了，甚至也有人沉沦了、放弃了。

不论你是选择以什么样的形式面对生活，生活都会正面“回应”你。不停抱怨的人，会在抱怨声中心情纠结，内心惆怅；退缩者会在忧郁中无法远视人生的美好，将自己窝囊地保藏起来；至于沉沦或放弃者，要么会选择麻痹地生活，要么会结束宝贵的生命。由此可见，无论以上哪种选择，都是消极的，甚至可以说是无知的，生命的意义就在于经历，没有经历就没有生活，而有经历就会有成功和失败，就会有顺心和闹心的事，就会有得到和失去……

与之相反的是一小部分人，他们懂得珍惜生活，将人生的缺憾当作生命的美好，将不如意视为了生活的历练，能够笑对人生的不完美。

就拿奥运选手埃蒙斯来说吧，他在常人眼中是一个具有浓厚悲剧色彩的人，但是他却在奥运赛场上享受着属于自己的“不完美”人生。

关注奥运赛事的朋友们都知道，埃蒙斯在2004年雅典奥运会上，前九枪都领先其他选手，而最后一枪却以10环的成绩打在了别人的靶子上，金牌与他失之交臂；2008年北京奥运会，他又是一路领先，金牌唾手可得之际，又是致命的最后一枪，只打了4.4环，金牌再次与他擦肩而过。2012年伦敦奥运会埃蒙斯又来了，就在人们期待他最后一枪的时候，他却没能进入决赛。然而，悲情的赛场后面却有令无数人羡慕的温情，无数人都记住了北京奥运会上，这个赛场失利的男子却赢得了妻子卡捷琳娜深情的拥吻。

把人生当作赛场，不成功下次再来，即使永远不成功，你也享受了比赛的乐趣。就正如游泳女将琼斯所说："我已经拥有了蛋糕和上面的糖衣，而樱桃不过是上面的点缀。即使没有樱桃，蛋糕依然很美味。"在她认为："游泳只是我人生中的一小部分，我应该去享受它，只要尽我所能就可以了。"

俗话说：金无足赤，人无完人。既然世间万物没有十全十美，何苦要纠结一时的不如意？因此，对于一个懂得生活和享受生活的人来说，人生应该从接纳和欣赏自己的不完美开始。

其实，从出生那天起，我们就时刻与缺憾做伴，唯一不同的是每个人的缺憾不尽相同。有的人也许是长得不够漂亮，有的人也许是家庭不够富裕，有的人觉得尽管努力了成绩还不够突出，有的人觉得没能考上理想中的大学，有的人觉得没能找到向往的工作，等等。可以说，每个人在每个阶段都有自己觉得不完美的事，有些是与生俱来的，有些是无法避免的，但是我们首先应从心理上接受它，只有这样才能使自己内心平静，并在好的心境中做更多更有益的事。

生活是活生生的，一切的空想和梦想都是苍白的，唯有踏踏实实地付出，真实地体验，才能认清得失不过是人生的常态，没必要大惊小怪。

相信，有很多人在生活中迷惘、徘徊、焦虑过。无论谁都不愿意失去，哪怕是属于自己的一丁点儿东西，但人生往往是要失去一些东西才能得到更多的东西，因此，不要在失去中纠结、沦陷、堕落，应该在失去中寻找、成长、升华。

不能得到完美的人生，我们最起码要还人生一种合理的生活方式。安顿好自己的心，安排好自己的生活。在日常工作、生活中，将得失看淡些，不要让自己的心徘徊在小利的纠葛上；错过的升迁、培训机会就不要耿耿于怀，机会总会有的，这次的错过会否有下次更佳的机遇呢？世事无常，这事真不好说，也许“好戏在后头”。

如果你放不开，为了蝇头小利，斤斤计较，结果钱没捞到多少，自己精神憔悴不堪了；如果你与同事钩心斗角，就算获得了自己想要的东西，可是同事间的友谊却枯萎了；如果为了生活更舒适些，和他人一样有车、有房，加大工作力度，拼命挣钱，为了充足的物质生活，不得已拿自己的身体做了本钱，孰轻孰重？

人生在世，我们难免有所要求，因此我们会盼望、会期待，但不适当的要求会变成苛求，于是盼望变成失望，期待变成忧虑。例如你的能力只可做到 80 分，但却要求自己做到 100 分。结果如何，不难想象。

人生就没有完美，它如同一条在得失间蜿蜒延伸的路。所以，不管怎么样，都先调整好自己的心态，学会善待自己，正视缺憾的人生，只有包容人生的种种不完美，才能去创造自己生活中的完美。

既然人生没有完美，就让我们用豁达的心怀完美地去体验不完美的生活。

能输得起，才能赢得到

一个精神生活很充实的人，一定是一个很有理想的人，一定是一个只做物质主人而不做物质的奴隶的人。

——陶铸

人生就如赛场上残酷的角逐，终究会有人成功，有人失败，有人洋溢着喜悦，有人沮丧着脸、耷拉着脑袋。对于一个生活的弱者，失败的痛苦会是其厌世轻生的理由；对于一个生活的强者，失败和挫折却是其清醒奋发向上的动力。

对于短暂的一生来说，红火也好，落寞也罢，这只是人生的一种经历，人活一世只不过就是玩了一场牌局，输就是输，赢就是赢，无法更改。只要活着就好，不论结局会如何，你都要把这个过程活得精彩、更精彩，哪怕你只是一张毫不起眼的小牌，也一定有你发挥精彩的地方。

就如一场赛事结束，每一项比赛都会有一批人在参加，这些人又是从众多人群中优选来的，然而最后站上领奖台的只有三人，这种竞争是激烈的，也是很残酷的，因为不管你之前付出过多少努力，此刻只有三个人会赢得荣誉和桂冠。

更加遗憾的是，往往第四名和第三名只有毫厘之差，却是天壤之别。记得有一次看电视体育频道的直播，一名选手以微小的差距落在了后面，成为了第四名。

后来的新闻报道和微博评论里就有很多网友对其责难，有的说准备不足，有的说起跑太慢，有的遗憾最后冲刺的动作，跑成这样还不如不上，等等。他受到的“数落”要比其他成绩远不如他的选手要多。可是，在新闻采访现场他却说了这样一句话：“虽然没有得奖，但是在所有没得到名次的选手中，我是第一名！”

赢得起，也输得起的人，才能够取得大的成就。无论是体育竞赛，还是职场竞争，这种达观而又幽默的心态，远比名次和奖牌、职务和金钱更为珍贵。

泰戈尔说：“如果错过太阳时你流了泪，那么你也要错过群星。”离职了，在美好的时光里成天闷闷不乐，你也许会错失找到下一份更适合你工作的机会，也许会错失一次向往已久的旅行；恋人分手了，你灰心丧气，心神不宁，你就会丧失生活的激情，错过更适合你的女孩；高考落榜了，你郁郁寡欢，焦虑不安，你就会失去下次成功的勇气，也会失去生活的斗志……因此，把目光放长远一点，把名利看轻一些，不纠结于一时的失意，人成功的模式有很多，得到的方式也不同，找到属于自己的成败标准，赢得痛快，输得潇洒，这就是人生！

不要被巨大的压力和恐惧绑缚住你的双手，这样你只能离目标越来越远。人生本来就如同一个大赌局，谁胜谁负谁能说清？谁也不可能一世常胜，也没有谁一辈子走霉运。有些人不能很好的处理挫折和失败带来的影响，于是在遇到经济、学业、生活上等各方面的挫折时就会一败涂地，消极沉沦，甚至犯罪、轻生，这类人是我最瞧不起的。在我心目中那些能从不幸中站起来，挑战命运，用坚忍的毅力和强大的内心实现理想的人是我敬佩的，相信这类人也是大众所赞扬、喜欢的。

放开眼界，让生命充满淡泊的恬适和达观的从容。世界上不存在永远的失败，不要怕失败，失败了爬起来继续做你该做的事，只有永不懈怠地追求才会实现人生的价值，不要将心思和精力花在担忧、顾虑之上。只有敢于面对失败的人，才能勇于赢得生活，赢得人生。

跳出钱眼儿，跳出人生的困局

> 贫穷者希望得到一点东西，奢侈者希望得到许多东西，贪婪者希望得到一切东西。
>
> ——普利西亚

金钱确实并非万能的，但人的生活离开了金钱却是寸步难行的。因此，我们需要财富，但千万不要掉入金钱的陷阱，一旦被金钱蒙蔽了双眼我们就会掉入欲望的旋涡而无法自拔。下面我给大家分享一个曾经看到过的很有启发的故事，也许你会有不同的感悟。

在西方有个穷人，名字叫鲁弗斯，他住在一间破旧的屋子，里面连张像样的床都没有，他每天就躺在一张长椅上睡觉。

鲁弗斯经常会念叨一句话：“我真想发财，如果我发财了，绝不做吝啬鬼……”

某天，在鲁弗斯的屋子出现了一个天使，天使说可以给鲁弗斯一个魔力钱袋，能够让他拥有无数的金钱。而且天使说：“我给你的这个钱袋里有取之不尽的金钱，你永远也拿不完，但是你要注意一点，如果你觉得金钱已经够用了，就得扔掉钱袋，这样才能花你取出的钱，一旦你开始花钱，钱袋就再也取不出金钱了。”

说完之后天使消失了，而在鲁弗斯的屋子里真的出现了一个钱袋，他赶紧上去从钱袋里试着摸出了第一块金币。验证了天使所说非虚，于是他开始拼命地从钱袋里往外取钱，他从早取到晚，家里已经堆积了一大堆的金币，此时的鲁弗斯已经很饿了，但是他不能拿钱去买吃的，因为一旦他停手，就再也取不出钱了，就得扔掉钱袋。因此，他又花了一晚上的时间往外拿钱，金币已经堆积了很多。鲁弗斯想：这些钱我一辈子都花不完了。

第二天，他想停手，去买些吃的回来，但一想到要扔掉这么好的一个宝贝，心里又有些舍不得了，还不如再坚持一会儿，往外再拿点。

鲁弗斯又开始从钱袋里往外拿钱。接下来，他每当要停手扔钱袋的时候都会觉得可惜，总觉得机会难得，取出的钱还不够多。

接连忙碌了几个日夜，鲁弗斯已经筋疲力尽了，他取出来的钱足够他吃喝，足够他过上好日子，买到好房子，买辆豪华车子。可是，他对自己说："还是再取一点出来吧，这样以后的日子会更加好过。"

鲁弗斯不吃不喝地拿，金币已经快堆满屋子了。可是劳累和饥饿已经让他变得很虚弱了。可是他仍旧不罢手，虚弱地叨叨："我不能把钱袋扔掉，金币还在源源不断地出来啊！"

就这样，几天之后的一个凌晨，可怜的鲁弗斯晕倒在了钱袋旁边，一直手还伸在钱袋里，可是他再也没有力气把它取出来了。最终，他死在了一堆金币的破旧屋子里了。

有钱没命花，这是何其悲哀的一件事。人心不足蛇吞象，在金钱和人生的交易中，往往上演"机关算尽太聪明，反误了卿卿性命"的闹剧。有人说，金钱可以买到血液，但是买不来生命；金钱可以买到感情，但买不来真情；金钱可以买到房子，但是买不来一个家……金钱对于贪婪者来说，永远是一种无法满足的奢望。而金钱对人最大的威胁就是它会蒙蔽我们的眼睛和心灵，使我们忽略了健康，抛弃了爱情，丢掉了人性，甚至赔上了性命。

金钱是一份引诱，人生是一种艰辛。人生离不开钱，但也不能满眼皆是钱。莫让金钱遮住双眼，跳出钱眼，就是跳出了人生的困局，跳出钱眼，你的人生会天宽地阔。

淡定中坚定成长的脚步

> 忍耐和坚持虽是痛苦的事情，但却能渐渐地为你带来好处。
>
> ——奥维德

每次和朋友聚会聊起孩子教育的事，大多数家长的第一反应就是摇摇头，一副无可奈何状，说现在的孩子不好教育，毛病多，爱玩，爱上网，花钱大手大脚，小小年龄开始早恋，等等。

每个家长对子女都有“望子成龙”“望女成凤”的心态，对于孩子身上的一点点毛病就大加指责，甚至粗暴对待。其实，对于孩子成长时常犯的一些小毛病，家长首先要冷静，客观、淡定地看待。

常言说“心急吃不了热豆腐”“一锹挖不出一口井”，孩子从呱呱坠地那一刻起，家长就开始了对他们的引导和教育，这个过程无疑是艰辛的，同时更是曲折的，人与动物最大的区别就在其有思想性，家长不能去控制孩子的思想，而更多的是应该潜移默化地引导教育，允许孩子在成长的过程中犯一些小错，但前提是在错误之后能够知错和改错。将目光放远，也将心态放平了，这不仅能引导孩子健康成长，更能为孩子提供一种生活的心灵智慧，让他们在今后的人生道路上也能淡定而坚定地成长。

有时候为了成长，我们急功近利；有时候为了发展，我们不择手段；有时候为了成功，我们孤注一掷。

成长的道路从来就没有一帆风顺的，生活的道路也从来就不是平坦的，但只要学会淡定地追求，用持之以恒的毅力，相信精诚所至，金石为开。每个人成长的每个阶段都会有这样或那样的困难，阻碍我们前进的道路，或许有些艰难我们无法战胜，但只要我们有一颗强大而淡定的诚心，放宽心慢慢去追求，相信胜利终究是属于奋斗者的。

曾有这样一句启发人心智的格言："钻石是坚持做工的煤块。"黑色的煤块在大众的眼中是多么的不起眼，它深埋地底，毫无生命力，只是默默承受命运的安排，不可能有什么变化。但是历经岁月的磨砺，千年之后同样一块煤炭，会有截然不同的人生，它可以成为一块璀璨、昂贵的钻石。它用自己的坚持和韧性执着地成长，让自己成为了众人眼中的宝贝。

其实，在现实生活中，我们每个人都如同一块煤炭，经过岁月的磨砺、经受人生的风霜、接受生活环境的锤炼，最终成就了非凡的人生。因此，在现实生活中遇到的各种压力、困惑、磨难，甚至是不幸，我们都要经受得住，只有经受得住现实的考验，不被艰困的现实摧垮，不被浮躁的心态迷惑，不在逆境中纠结，相信我们定能成长为美丽而宝贵的钻石。

《搜神记》里记载了这样一则故事：一对新婚夫妻，男子被抓去充军，女子被逼改嫁。改嫁后的女子思念前夫，忧郁成疾，不久病死。男子回乡得知消息后悲痛万分，决心挖坟开馆，当棺材打开的刹那，女子奇迹般复活。改嫁后的丈夫得知消息死缠不放，无奈告到官衙，官衙认为这是精诚所至，才使女子复活。所以判给了原来的丈夫。朝廷说："此非常事，不得以常理断之。"

浪漫的爱情神话故事，告诉我们即使是顽石，在执着的意念之下也可点头，即使千年的铁树也能开出艳美的花朵。这就是执着而坚定地追求，能让心灵在平淡中、在不骄不躁中，感受人生的幸福。

想要达到快乐的境界，只有做好自己，才能得到最终的幸福，获得真实的快乐。

能够明确生活的意义，坚定生活信念的人，无疑是幸福的。我们总是困惑自己的追求目标，有时觉得是毫无质疑，必须这样做，但事实证明这个目标往往是临时的、权宜之举。就正如挤破了头抢名誉，当获得名声后又备感空虚；拼了命去争夺利益，但财富到手后又觉得自己除了钱什么都没有；为了高考夜以继日，埋头苦学，当进了大学却为出国、考研、工作、恋爱等的抉择而虚度光阴。

淡定地面对，坚定地追求，做好你目前该做的事，只有做好自己，才能得到最终的幸福，获得真实的快乐。只有准确定位自己的人生目标，每一步都坚定地走下去，不动摇、不徘徊。或许付出的努力在短时间内看不到明显的回报，但经过时间的积累，在接近彼岸的时刻，我们会清晰地看到那个叫作收获的东西在向我们招手。

第二章 心宽：正向能量，激发内心的光明面

心宽，能接纳人世的艰涩，能容纳和消融痛苦与不幸。心宽，能让心敞亮而痛快。

烦恼是愚痴，愚痴的人没有智慧可言，没有智慧就无法体悟人生。在这个世界上，不论是谁，都会遇到尴尬、难堪、窘迫、闹心、不顺心、不遂愿，甚至痛快和不幸的事。这时候，我们内心就应该具有克服内心与现实的正能量，能包容世事人心，保持心灵的清净和畅，创造属于自己的快乐。

放宽心怀，何来纠结？

> 敏锐而不宽宏的心灵，执着于每一点，却毫无进展。
>
> ——泰戈尔

一日与老友聚会，餐桌上其低眉垂头兴致不高，于是问其何故，他说："领导貌似不太看重自己，自己有好多策划方案不被选用。"我说："为什么不把自己的想法和领导好好沟通呢？"老友答："他那么忙，不好意思打扰。"我又反问："既然你知道他很忙，怎么就断定他不会考虑你的方案呢？"老友答道："从他的表情来看，好像对我的策划方案并不感兴趣。"我说："没准他就是在考虑你的方案呢！"此言一出，老友立马就喜笑颜开，觉得平时领导还是很重视自己的方案的，因为自己在这个领域还是很有发言权的。

瞧瞧，无端猜疑，让自己纠结，何苦呢？

人不可能没有困惑。有些困惑来自自己的想法，有些来自现实困境。几年前，一个朋友的孩子高考分数不太理想，他纠结于让孩子复读，还是上二本。跟我长聊之后，我建议他与孩子好好沟通一下，多听听孩子的意见，自己是选择先上二本，将来再考研，还是复读一年争取考取名牌大学。朋友接受了我的建议，和孩子商量后选择了上二本院校。现在他的孩子已经大本毕业顺利地考取了一所国内不错大学的研究生。

因此，在现实问题上，一般人都会被事情的表象所迷惑，让内心纠结，若能把心放宽些，理性地思考，把问题当作对心灵的一次历练，用有价值的理性来处理，它又会变得轻而易举，根本就用不着纠结。

谈到这里，我们可以看看现在很多老板们的苦恼，他们在市场激烈的竞争中，纠结的事不在少数。但是，如果能尝试着找到适合自己生活和事业的平衡点，放慢追求的脚步，缓解创业的压力，一切都会轻松自在的往前发展。

就像当初乐百氏创始人、今日投资董事长何伯权在那次“沉船游戏”中得到的启发一样。

这个游戏是给参与者提供一种模拟环境，制造让你死去的情境，让你躺在地上，熄灭所有的灯，让房间一片漆黑。然后游戏指挥者把你装进一个预设的棺材里，声音清脆地盖上棺材盖。然后指挥者会问你：“上个月你不是说要陪父母吃饭吗？下个月你不是要去旅游吗？你准备给心爱的妻子一份祝福吗……”“现在你没有机会了，你已经死了。”

参加完这个游戏的何伯权在后来说，通过这个游戏，自己忽然明白了很多生命中根本的东西。

“这个时候突然就感觉，自己是真的已经死掉了，然后再一想，自己还有很多的计划都没有来得及去做。我们每一个人都有很多很多想做的事情，有很多梦想，但都是一天推一天，以为是做完现在的事情可以再做，最后都没有机会了。在这样的环境中，我一下子清醒了，我真正最需要的是什么？是不是要把现在这个企业再做大一点儿、赚更多的钱？假如这样继续重复下去，结果是什么？”瞬间他就看明白了很多事情，也终于知道自己想要的是什么了。

是啊，何必纠结，人生短短几个春秋，做好自己该做的事，把握自己能够把握的事，不要贪图太多，也不要把事情想得太复杂。金钱会有的，美好的生活也会有的，只要你踏实地付出行动，一切都会有的，何必为一时的困境而纠结。

纠结的人，大多是因为在对待某事或在对待某人时放不开，让其闹心的不是对待这件事或这个人时不知道其背后的利害关系，往往是在他纠结之前就已经失去了判断方向的能力。没有清晰地判断，无法作出有价值的判断，就不会清楚自己想要的究竟是什么，因而错失机会。

要想使自己的内心不纠结，就要学会放下贪婪，让自己变得淡定；学会抛开烦恼，就能与智慧同行；学会舍弃斤斤计较的得失之心，就会拥有坚定的价值取向。只有这样，内心才能够不受困扰，作出正确的选择，从而使人生丰盈，心灵富足。

与其抱怨，不如积极改变

西方有句名谚：一切痛苦都有助于我们奋发向上，不论我们当时有多么憎恨它。

如果你留心周围的人，就会发现有很多人在遇到问题时都喜欢抱怨。比如，抱怨命运对自己不公，没能给自己好的机遇，让自己出人头地；抱怨学校的不好，让自己毕业后没能找到更好的工作；抱怨妻子的不贤惠，让自己家庭缺少温暖；抱怨父母没有给自己一副美丽的容颜；抱怨房子太小；抱怨路上车辆太多……听着这些话，我们彷佛也感觉到了生命的艰难和不如意，但你仔细想想又觉得非常地可笑，你如此抱怨，为什么不自己去创造？就算是生活给了你一堆垃圾，如果你肯努力，你也可以将垃圾垫在脚下，不断让自己成长，从而踏上成功的峰巅。

然而，世事太繁杂，现实很残酷，很多人都觉得活得累，各行各业压力不小，收入不高；付出很多，得到很少；爱得够深，被爱很浅……很多现实的落差，造成人抱怨的心理，只有在抱怨声中，才能方便地出了这口恶气。很显然，连抱怨者自己也知道，除了暂时释放一下心中的这团憋着的气，是不会解决任何问题的，如果是个“怨气”太重的人，非但不能解决问题，还会使问题恶化。如果你抱怨成瘾了，就人见人厌，别人唯恐避之不及，你周围就不会有几个朋友了。

在我看来与其抱怨他人或命运，不如自己放宽心，调整好自己的心态，才能乐观地收获人生的回报。以前看过这样一则故事，分享给大家。也许当你看完时，心里会有不同的感悟。

佛陀云游途中遇到一位诗人。诗人相貌堂堂，英俊洒脱，有才华，也有气质，而且家有娇妻爱子，但他遇见佛陀之后口口声声说自己很不幸福，抱怨上天对自己不公。

佛陀于是问他："你为什么不快乐呢？我可以帮你什么吗？"

诗人回答："我现在只缺一样东西，你能给我吗？"

"也许可以，只要我能做到的一定会满足你，你说来听听。"佛陀说。

"是吗？"诗人满脸疑惑地盯着佛陀，一字一顿地说："我要幸福！"

佛陀沉思着，自言自语道："我明白了。"

随即，佛陀施展佛法，把诗人原先拥有的一切全部拿走——毁了他的容貌、收走了他的财产、从大脑中抹去了他的才华，还夺走了他妻子和孩子的生命。

施法完毕，佛陀转身离开了。

几个月之后，佛陀再次来到诗人身边。佛陀这次看到的诗人已经饿得奄奄一息，躺在地上呻吟着。佛陀再施展法力，把之前的一切又还给了诗人，然后悄然离去。

不久之后，佛陀和诗人又见面了，这次诗人搂着妻儿，不停地向佛陀道谢。因为，他已经体会到了什么是幸福。

也许在现实中像诗人一样抱怨生活的人有很多，他们身处幸福之中，却对幸福视而不见，仍旧在苦苦寻觅所谓的幸福和快乐。其实生活已经给了我们很多，只是我们不愿意放慢追求的脚步，不愿意驻足欣赏生命的美好，因此不断地抱怨得到的太少，挑剔的目光和抱怨的心理使我们的心灵受到了蒙蔽。假使一切真的失去，才会蓦然发觉当初拥有的已很多，也很珍贵。

有一对夫妻结婚十多年了，但天天吵吵闹闹，后来在朋友的建议下去找大名鼎鼎的心理学家米尔顿 · 艾立克森。米尔顿问他们发生了什么事时，夫妻俩就开始了各自喋喋不休的抱怨，直到觉得这是在别人的

“地盘”才收敛住了。此时，米尔顿只说了一句话：“你们当初结婚的目的就是为了在一起没完没了地争吵抱怨吗？”那对夫妻听了顿时无语，悻悻然地走了。据说，后来他们的感情生活非常和谐，相互恩爱，再也没有吵过架。

遇事多从自己身上寻找问题，努力控制自己的情绪，在任何时候都要努力保持积极良好的心态，这对于成就事业和营造良好人际关系来说是非常重要的。

在工作上，总觉得自己付出的多而得到的少；在生活上，总觉得自己贡献大而被承认的少；在人际交往中，总觉得自己真心实意而别人却虚情假意……如果这些想法总是在心中涌动，不抱怨才怪呢！

其实，在生活中杜绝一个人发牢骚、抱怨，几乎是不可能的，道理谁都懂，但易懂而不易操作，我们都是现实中的人，而非超越红尘的开悟者。如果你觉得自己根本无法做到停止抱怨，那么至少应该在抱怨的时候提醒自己，调整好心态，减少抱怨，确立自我价值，把偶尔的抱怨视为暂时情绪的宣泄，一种心灵的麻醉剂，但绝不要拿它当心灵的药方。

有一种快乐叫微笑着生活

人生本来就很短暂，生活却是变化多端的，以有限的生命对待不停变化的事物，我们最应该做的就是守住自己的内心，用一颗宽恕的心面对外物。做事要执着，做人可千万别太执拗，要微笑着面对生活，你的周围才会充满温馨和善意。

我们在遇到麻烦事、纠结事、窝囊事……这些令人不安、痛苦的倒霉事的时候身边的朋友或亲人总会这么宽慰我们“想开点”“别想太多”“冷静点，慢慢想办法”“别想太多，总会有转机的”。这些话，其实就是一个意思：别纠结，把心放宽，快乐地生活。

有时候，一些人在遇到一点点挫折就如临大敌，有些人在遭受一点点失败就如同掉进无底深渊；而有的人在历经磨难、打击，甚至是摧残，还能依旧坚强地站立，在煎熬中奋进，不幸中寻找幸福？归根结底是一个人“心”的容量。因此，如果客观因素你不能改变，请一定调整好心的广度！

生活就像一面镜子，你的喜怒哀乐，都会在其中展现。为了能快乐地生活，请你一定不要忘了多冲着生活这面镜子微笑。因为，相信这个世界没有任何一个人会厌恶对方真诚的微笑，可以说世界上最美丽的风景就是一个真诚、甜美的微笑。一个微笑可以化解一段宿怨，一个微笑可以拉近两颗陌生的心，一个微笑可带来春风般的温暖，一个微笑可以舒缓紧张的气氛，一个微笑可以……那么，亲爱的你，你有多久没有对自己露出这样一个笑脸了？

曾经有一位财主喜欢养各种各样的花草，尤其喜欢菊花，在他的院子里栽种着不同品种的菊花。

有一天，两个下人打理院子杂物，不小心将一盆菊花打落到地上，花盆摔碎了，菊花也摔烂了，下人当时慌乱得不知所措。忐忑不安地想着主人来了会如何数落他，他心里想了无数个借口，心里非常愧疚，不知主人来了会怎么发落。

就在这时，主人回来了，下人一边手忙脚乱地收拾着，一边向主人道歉，让主人不要生气，他保证以后倍加小心，这次的花和盆会用自己的工钱做赔，这时主人非但没有生气，反而笑盈盈地说："我为什么要生气了，养花本来就是为了美化咱们的庭院，让大家觉得舒心快乐的，摔碎就摔碎了，咱们重新栽种一株就是了，你们俩不用自责。"

此话一出，两下人顿时松了一口气，决心以后用实际行动补偿主人。后来，他俩为主人的生意鞍前马后做了不少工作，一辈子都效忠自己的主人。

可见，一种快乐的心态不但能使自己宽心自在，更能影响周围的人，由此而形成的气场却给自己带来了不小的福气。少点怨气，你就会多一份福气，你还会为小事而生气吗？

其实，往往我们会在一些小事上生气和快乐，这虽然是一种情感的正常宣泄，但为了更好地生活，我们尽量去做到宽怀，用一句善意的话，一个快乐的表情，一个会心的微笑……让生活更加地顺畅，让心情云淡风轻般自在。这种能取悦自己，又能温暖他人的举动我们何乐而不为呢？

现实生活中不要苛责于人，也别难为自己，多一个微笑，就多一份幸福。顺畅的人际离不开微笑，与人发生小摩擦，轻松一笑，把艰涩变成一种顺畅；美满的婚姻离不开微笑，面对爱人的无理，一个甜蜜的微笑，和一句贴心的话，顿时会让感情升温；同事、朋友间的微笑更是可以打破僵局，可以化解隔阂，让微微的笑意，消除误解……想要快乐，你就准备好你的微笑，与己心宽，与人心甜。

理想化的生活最是完美的，也许今天我们明白这个道理，但是转身面对复杂的大千世界和瞬息万变的事物时，我们又觉得无比地迷茫。这就要我们不断地去修炼自己的内心，在心里明了事事都不可能尽美，不是所有事都能让你称心，不尽如人意的事实在太多了，有些我们可以通过自己的努力去改变，而有些是我们无法改变的，在这个时候你要清醒的一点就是不要遇事太冲动，遇到问题就激动，在情绪之中人们无法作出理智的判断，也无法做出完美的事，那么，你最该做的一件事就是先把心放宽，先让心平静下来，即使你当时装出一个微笑，也比你大发雷霆要好得多。

佛语有言，一念成佛，一念成魔。佛与魔，不过是人的一念之间。要想成为一个遇事不急躁不生气的人，你就要有审视自己的念头，看清楚在你心中升起的这个念头是正面思考还是负面思考。在你没有作出正确判断的时候，先挂上你一个善意的微笑，别一怒之下做错事，感情有很强的感染力，要相信，愤怒会引来愤怒，而微笑则会回报微笑，也许你的一个微笑就可以化解一场危机。

现代社会竞争的惨烈，早已让无数人的表情变得僵硬不堪，麻木的神情背后支撑着一个空虚的灵魂。面对工作时缺失了激情的“机械运动”，面对同事时缺少了人性的恶意相向，面对同学时缺失互助的冷漠，面对恋人时的同床异梦，等等。也许有很多人很久都没有舒心一笑了，也许有很多人好久没有能愉悦地面对过周围的人和事了。如果是这样，那么很遗憾，你已经走进了人生的魔窟，将自己的人性冻结了起来。

手握宽心牌，人生无处不幸福

> 生活的地平线是随着心灵的开阔而变得宽广的。
>
> ——布莱克

中央电视台新闻节目搞了个活动——你幸福吗？引起了网上的热议。

是啊，你是否幸福？你问一千个人会有一千个答案，你问一万个人有一万个解释。因为每个人的经历不同，每个人对生活的感悟不同。但是总体来说，答案无为乎三种：幸福、比较幸福、不幸福。

幸福的一类人一般是心胸比较豁达的，也有一些是我们日常所说的所谓“粗线条”的人。

比较幸福的一类人，大部分是坎坷较少，挫折不多，人生的回报和快乐较多者。

还有一类为数不少的人觉得不幸福。原因有众多，比如有堆积如山的作业压迫，有总也做不完的家务缠身，有很多好吃的连名字都叫不上来，有总是处理不到位的人际关系，有还贷的“压力山大”，有找不到合适对象的困惑，有无法升迁的苦闷……

生活在这个竞争激烈，生存压力增大，人际关系复杂的社会，不少人都会有不同程度的浮躁和不淡定，感慨人情的冷漠，感情的不靠谱，做人的不易，做事的烦恼，面对各种人、各种事、各种人际关系，人们会有各种各样的苦恼，纠结于怎样处理好事，怎样经营好婚姻，怎样干好工作，怎样和各色人等打交道，等等。每个人都有自己不同程度的困惑，每个人都有自己不一样的难题，这就是现实生活。

有朋友跟我说起他合租屋里一对年轻夫妻的故事：

夫妻俩为了追求幸福的生活，加班加点，努力工作，好不容易攒够了首付在郊区买了一套房子，半年之后就可以拿钥匙入住了，开始几天夫妻俩都很兴奋，随着入住时间日益临近，他俩却为了装修和添置家具的事经常闹别扭。

妻子伶牙俐齿，喋喋不休；丈夫木讷厚道却有几分顽固。

嚷嚷了没多久，妻子就有轰丈夫出门的架势。僵持了一阵，两人都累得筋疲力尽了，口干舌燥的两人瘫坐在床上，一言不发。过了一会儿，低调的丈夫忽然开口了，他感慨地对妻子说："亲爱的，我们这是何苦呢，为了幸福我们好不容易熬到有了这套房，虽然还有房贷，但是我们眼瞅着就能入住了，我们这样互不相让地吵也没什么意思，就算今天晚上你说的全都对，你彻底在语言上把我打败，可是我们也毁掉了一晚上的温馨气氛，值得吗？"

很多时候，我们为了幸福却在毁坏着眼前的幸福。在处理事情时，有时候我们需要坚持，但脸红脖子粗地力争，往往不见得有好的结果。如果不能心宽地看待生活，有时候你看似赢了，实际上却输了！

这个世界从来就没有固定的成功模式可以遵循，也从来就没有一成不变的交际手段可以套用。既然我们不能为生活制定规则，我们就应该学习一些生活的智慧来指导自己的人生。灵活应变，趋利避害，这样更能让生活顺畅、事业顺达起来。

这就要求我们学会宽心的智慧，用乐观的心态对待生活和事业，当你的心胸开阔了，包容的东西多了，生活中的酸甜苦辣、喜怒哀乐就不会成为你心灵的枷锁，而只是成长的一份养料。

与性情古怪、牢骚满腹、以势压人，甚至是心理扭曲的人相处，如果只是偶尔相处，避其锋芒多忍让也就罢了。但如果作为亲近的人，或是一起共事的同事，你就必须做好长期和她交往、相处的准备。消极的做法就是希望这类人永远从自己眼前消失，但这种可能性不大，也不由你来作决断，你能做的就是做出自己的努力，改变自己，放宽自己的心怀，给心找到一个自在的空间。

其实眼下的你已经很幸福了！

看看每天吃着干馒头在田间劳碌的人，看看背着干粮行走数十里山路求学的孩子，你每天还有正常的一日三餐，你还有窗明几净的教室；看看住在天桥下的人，你就算买不起房子或是住上大房子，最起码你还有个落脚的地方，有一个能够遮风挡雨的空间；看看奔波于各大招聘现场疲惫的身影，你起码有一份属于自己的工作；看看被疾病折磨的人，你还有健康的身体……

是啊，我们已经拥有了很多的幸福，虽然生活还有不尽如人意的地方，但我们拥有了起码的幸福。请保持一颗平常心，乐观地对待生活，怎能找不到幸福呢？

离开他，生活照样精彩

> 再好的东西，都有失去的一天。再深的记忆，也有淡忘的一天。再爱的人，也有远走的一天。再美的梦，也有苏醒的一天。该放弃的决不挽留。
>
> ——莎士比亚

不知道从什么时候开始，这个世界的脚步变得匆忙而慌乱，擦肩而过的是那么多漠不关心的眼神，其实在这个世界，无论是男人，还是女人，都渴望能从擦肩而过的人眼神中获取一丝的温暖和温柔，尤其是当你内心满是伤痕的时候，这种温暖足足可以疗愈撕心裂肺的疼痛。无论是青春年少的你，或是渐入中年，更或是耄耋之年的老人，对于情感的快乐或伤痛都是记忆犹新的，尤其令人难以忘怀的也许就是那种拒绝的语调吧。

看样子这个世界上最有力的武器当属语言，在感情世界里，一句话可以成就一段婚姻，一句话可以让你对一个人记忆一生，一句话能让你死心塌地。

不少的婚姻破产在一句话上，不少的爱情终结在一句“分手”上。其实，爱得越久，争执时“解气”的话越多，最解气、最决绝的就是撂下一句“分手”“离婚”。说实话，现实中这种话基本不怎么管用，最具

“杀伤力”的是没有话说的冷战，和默默离去的身影。

今年暑假，表妹和她同学来京旅游，她俩暂住我家。我因为忙工作的事，刚来的几天除了大家一起吃饭时的闲聊，也没跟她们过多地沟通。后来有一天表妹问我忙不忙，想跟我说点儿事，我觉得她一改平日吊儿郎当的样儿，就觉得应该有事要跟我讲，就问她有什么事，她就跟我讲了一些关于她这位同学的事，希望我能给点建议。

表妹的同学小琴和男朋友分手有 4 年了，当初分开是因为男朋友不想结婚，小琴是一个很传统的女孩子，觉得从大学二年级开始相恋，毕业后几年过去了，男朋友推三阻四不结婚，这让她心里非常不好受，后来在一次争吵后两人选择了分手。

分手后的小琴心是非常痛苦，用我表妹的话说，“小琴的心都碎了，就差点没吃药上吊了。”她经常嘴里哼唱一首《一起走过的日子》的歌，说着表妹还哼唱了几句让我听：“当初也许不自知，分开方知心极痴，有你有我有情，有生有死有义。不可猜测总有天意，而你却披上孤独衣，剩下绝望旧身影，去记得千亿伤心的句子……”从表妹的这些点滴描述中，能感觉到这个姑娘对男朋友用情颇深。

几年过去了，她还是单身一人，4 年的情感因为之前的一次恋爱而一直保持空白，家里人或是同事、朋友们给她介绍对象，每次到临门一脚的时候，她总是会脚软，她放弃了家长和朋友们眼中无数个该嫁、值得嫁、必须嫁的男人。

现在她已经 29 岁了，她也想找一个值得信赖的、真诚的人结婚，但是她总是会想起他，虽然他们俩现在不在同一个城市，但是偶尔还会见面。表妹说她很困惑，这么多年，对以前的种种仍是挥之不去，不论是他的好与不好，她都经常在大脑中回旋，也因此没法在新的感情上踏出去。

听了表妹的一番话，我决定找个时间当面和小琴聊聊，我觉得表妹可能无法准确地转达我的意思。

周末的下午，我找表妹的同学小琴谈了谈这件事的看法。首先，我跟她讲起一个最近看到的电视剧的剧情。剧中的男主人公和小学同学小琪成年后相见，一见倾心，开始了一段恋情，此后男主人公前往美国求学，在海外求学过程中认识了一位学妹，学妹对他非常有好感，而且一直追求这位男生，同在异乡，为了相互有个照应，男主人公对学妹在生活上照顾有加，这也使对方有了很深的误会，以为是喜欢自己，而男主人公只是把他当作妹妹看待，学成回国后，男主人公和小琪结婚了，而学妹一直生活在感情的旋涡中无法自拔，对于自己的学长一直念念不忘，觉得自己的爱是无私和真诚的，只要男主人公有任何委屈或是不如意，都会倾力相助，默默地守候，当主人公知道学妹的真情之后，依然婉拒了她的好意，而学妹却一直生活在痛苦之中……

爱没有错，可是固执地爱一个不该爱的人就变得有些不可思议了，知道对方爱着别人，知道自己的爱是一段无果的单恋却愿意默默忍受，不听亲友的劝告，最终非但得不到对方，却会深深地伤害到彼此，甚至伤害到自己的家庭成员。

相同的道理，对于一段无果的恋情，结束了就结束了，离开对方，你照样可以生活得精彩，只有输得起的人才是生活的高手。

果断地离开不会要人的命，一味地在思想中给自己设置障碍，把问题复杂化是会烦死人的，这样做的后果只会让自己生活在无尽的烦恼之中。网上流行一句话：不以结婚为目的的恋爱，等于是耍流氓。是啊，对于一个不愿和自己结婚的男人，没打算和自己相守到老的人谈爱情，简直就是对爱情的亵渎，勇敢地分手就是一种胜利，不必要将自己拴死在过去。所以，我的建议是：你没必要去惦记一个把你当作人生插曲的男人，应该接受新的生活，迎接全新美好的一段感情，把过去抛给时光，开启崭新的未来。

我猜想，这个男人不是玩弄感情，就是打发寂寞的时光。一个女孩陪他度过美好的三四年时光，现在的见面不过是情场熟手不时表现一下自己的手段，既表现自己的温和和个性，又哄女孩子暂时地开心，让对方时刻徘徊在老路上。你和他纠缠这么多年，只能让自己身心俱疲，一晃眼就到了 30 岁的边缘。因此，放下心中的执念，放宽心，没必要纠结这件事，既然当初都能勇敢地放手，现在何不学会华丽地转身？

哪怕你是以残局收场也没什么大不了，爱情这盘棋，赢得漂亮其实不难，难的是输得漂亮。所以，接受现实，理性地看待生活。

当你走过人生的这道坎儿，回头看看，其实脚下踏过的不过是一颗小石子而已，何必挂怀呢？人生起起落落，一个小石子都迈不过，何以踏过人生的大风大浪？

别再难为自己了，用一种从容的心态，面对自己的人生，不属于自己的东西，对自己就毫无价值，珍惜当下的时光，从什么地方跌倒，就从什么地方爬起来，失去了一个对感情不负责任的人，是你的幸运，不可回头的爱情，就不要再去留恋，勇敢地再创造一段新的爱情，开启人生新的生活。

有时候觉得生活就是由无数纠结的事拼凑起来的，但是我们千万不要生活在纠结中，而是要用自己积极的、智慧的、乐观的心去拥抱灿烂的生活。在爱的路上，有欢乐幸福的笑容，也有苦涩痛楚的泪水，在面对不堪的经历时，请一定记得放宽心，放宽心，就能为自己赢得一个明媚的明天。

少点计较，心灵就会多些自由

> 不能饶恕别人，犹如拆毁了自己必需的渡河的桥。
>
> ——赫伯特

现实生活中，我们都在有意或无意地计较一些东西，比如面子、工作待遇、职位、他人的态度、甚至是一句话……所以，有时候我们觉得活得很累。此时，有人会说，不计较行吗？现在就是这样一个社会，不计较你就得不到，不计较就有人和稀泥，不计较就以为你好欺负，等等。可是，我想说的是，有些需要计较，但千万别事事计较，生活中有那么多事你计较得过来吗？比如你的相貌，你的学历，你的工作，你的家庭，等等。

刚毕业的大学生，忙碌地穿梭在各大招聘会，觉得就业难，择业更难。很多人学生想一次性找到最合适自己的工作，往往来回穿梭却一直没有找到一份适合的工作。有的在计较企业的规模，有的在计较企业的前景，有的在计较自己的收入。其实，很想说的一句话是：找到自己的兴趣点，将工作看作是一次锻炼的机会，培养自己的工作能力，不要一味地计较眼前的利益。

少点计较是一种宽心的生活态度，可以给生活和人生带来莫大的益处。

一位老同学大学毕业后回到老家的中学任教，有次电话联络，跟我说起了一件发生在他们班的事。他所教的初中一年级有个小男孩一直留着长头发，无论是在课堂，还是在路上他总是低着头。刚入校的时候学校规定学生留短发，可是通知发下去好久了，这个同学一直都没有动静，后来仔细观察发现小男孩的左边脸上有一大块红色的胎记。原因总算搞明白了，这个小男孩是为了遮住这块胎记。为了不伤害小男孩的自尊心，老同学一次找这个小男孩"帮忙"，让他给自己办公室抱一下作业本。在我同学的办公室，小男孩露出了惊讶的神色："老师，你的胳膊上怎么有这么大一块疤？"

原来我的老同学故意卷起袖子在等小男孩进来，听到他问，我同学立马接过话茬说："这可是上帝给我珍惜生命的纪念，这道疤痕是我在一次火灾中留下的，胳膊虽然有疤痕可是我获得了新的生命，你说我能去计较它的存在吗？"

第二天，很惊喜地发现这个小男孩剪了短发来到学校。也许小男孩的心里也进行了一番挣扎，但是最终他选择了不计较，坦然地面对。

本来，一个人在乎周围的人和事，没有什么不好，说明一个人追求完美、追求上进、追求成功，但是千万别过度在乎，如果太在乎，必然会使心理纠结，让一种心理负担占据了心灵快乐的地方，就适得其反了。

有一次，朋友的爱人讲起一段发生在他们家的事。某天，因为朋友下班回家晚，到家之后说话态度不好，他爱人就大发雷霆，一气之下饭也不吃了，跑到楼下饭馆独自用餐。心情不好于是点了瓶酒，想借着酒来消愁，可没想到从不喝酒的她却把自己给灌醉了，第二天起床不但怒气没消退，胃里还翻搅得难受，一天都没有吃东西，觉得头沉沉的连走路都直翻跟头……"唉，太难受了""其实也没什么事，早知道就不喝这么多"。

听了她的一番话，大家都笑得前仰后翻，调侃她是自找的。

她后来也反省确实没必要，其实老公在外面累到那么晚回来，可能遇到什么不顺心的事，或是累了，本来自己应该上去劝导几句，可是不知道那会儿是哪根神经不对劲，嫌他回来得晚，还高声大嗓门的。其实，家对于奔波在外的人来说，就是一个温情的港湾，受了累，受了憋屈，回来不在自己亲近的人跟前发泄还能去哪发泄呢？不跟自己的亲人念叨还能跟谁诉说？如果连这点权利都剥夺了，长期将心事积压在心里，肯定会憋出病来的，那可就真悲剧了。

没错，家庭生活少点计较，气氛立马就会从多云转晴。有时候一句宽慰的话，一个温情的笑容，就可以化解对方内心的不悦，让家庭充满温馨与和谐。

太计较，爱计较的人往往是因为把一切看得太重，太较真了。人一辈子就那么长，哪有心情整日为那些鸡毛蒜皮的无聊小事去计较呢？何必为那些无名小事破坏你的心情呢？

“生活，生下来，活下去”网上流传的这句打趣的话，确有几分人生的智慧。一个人生下来就必须考虑活下去的问题，可是选择什么样的活法却是个问题，因为世界上每一个人都有自己不可复制的活法。

一个人在生活中或多或少都会有一些计较的事情，有的是觉得对方不理解自己，有的是觉得自己心里委屈，有的是觉得自己的付出没有得到相应的回报，等等。而大多数情况下，我们都会被计较迷住双眼，迷失方向，从而抱怨生活，抱怨他人，因为计较之心而失去本应该属于自己的幸福。

因此，为了更好地生活和工作，不要过于计较工作的负重和待遇，应学会接受磨炼；不要太计较权势地位，应学会踏实做事，也许名利背后就是深渊；不要计较这次考试没能拿第一，应承认自己的不足，发现问题，争取更大的成绩；不要计较自己的容貌，睿智的头脑和干练的做事能力比脸蛋更有意义。

宽心包容，才有宽阔完美的人生

> 每个人都争取一个完满人生。然而，自古至今，海内海外，一个百分百完满的人生是没有的。所以我说，不完满才是人生。
>
> ——季羡林

生活中很多的不如意都来自内心的负能量，来自不断计较的心，如果一个人拥有宽阔的胸怀，能够容纳别人的一时之过，容纳暂时的不公平，容纳他人不完美的地方，就不会再患得患失。要知道，一个人的心胸怀是高山和大海都无法比拟的，正所谓“心如虚空”，当你放下固执的念头，破除心中束缚自己的条条框框，将心变得柔软、空旷的时候，就能包容万事万物，这样才能洞察世间万象，真正做到心中万有，有人有我、有天地事物，有是非古今，心宽自在，运用自如。

《圣经》中对爱有这样的解释：爱是恒久忍耐，又有恩赐……凡事包容，凡事相信，凡事盼望，凡事忍耐；爱是永不止息。由此可见，爱是一种宽容，是一种宽心的境界，既要爱自己，也得爱他人。当世界充满了爱，一切都将变得美好。问题是如何才能拥有这份爱，让困顿的世事变得顺达？

我觉得首先要具备一颗包容世事的强大内心，你的胸怀开阔了，你所面对的事就变小了，当你学会去包容不完美的世界时，你就可以拥有一个完整的世界。

平时和朋友交往时，有些人言谈比较随意，往往会因为一句无心之言，使朋友心生芥蒂，甚至是火冒三丈，如果你真的了解他的个性和他说话的出发点，也许会发现他不过就是口无遮拦地说了一句错话，一句不得体的话有什么好挂怀的。如果是好朋友你还应该善意地提醒对方，也许这个朋友在平时对你的关心和帮助都是真心的，只是某句话对你有所冒犯而已，我们有必要计较吗？

因此，在发生矛盾的时候多想想他平日的好，找出当下产生矛盾的原因，坐下来冷静地沟通，相信友谊的力量定能化解生活的纠结。正如这样两个人，他们是好朋友一起去做生意，在路上因为意见不合，甲扇了乙一个耳光，乙气愤不平，于是在路旁沙路上写下："今天我的朋友在此打了我一记耳光。"他们继续赶路在翻过一道山岭的时候，乙不慎一脚踩空，险些摔下山崖，甲及时抓住了乙。乙起身在路旁的石崖上用匕首刻上："我的朋友今天救了我一命。"甲好奇地问道，你这么费劲地刻字，为什么不像上次一样写在地面上呢？乙回头一笑说："当被朋友伤害时，就要写在容易被淡忘的地方；而一个朋友的帮助要刻在能够铭记的地方，也同时刻在了我的心里。"

可见，朋友间往往会有一些无心的伤害，而帮助却是真心的。怀着一颗宽容的心，真心地对待每一个身边用心交往的朋友，他们是你一辈子珍贵的财富。

密切的接触必然会产生更多的矛盾，如果你和一个人不曾谋面，不曾相交，就不存在矛盾，人是一种个体，每个人有自己不同的个性和做事习惯，所以有矛盾是正常的，就看你应对的方法是否得当。在我们周围接触比较频繁的人群之一是同事，这个群体的人是一天 24 小时中陪伴我们时间最长的，也是交往中矛盾易发的群体，那么我们就应该积极地提升自己的正能量，来面对这个和自己关系密切的群体。

在处理同事问题上我们的古人给我们一个很好的启示，那就是"将相和"的故事。蔺相如因为"完璧归赵"有功而被封为上卿，位在廉颇之上。廉颇很不服气，扬言要当面羞辱蔺相如。蔺相如得知后，尽量回避、谦让，不与廉颇发生冲突。蔺相如的门客以为他畏惧廉颇，然而蔺相如却说："秦国不敢侵略我们赵国，是因为有我和廉将军。我对廉将军容忍、退让，是把国家的危难放在前面，把个人的私仇放在后面啊！"这话被廉颇听到，就有了廉颇"负荆请罪"的故事。

可以说，这是个为了整体利益，与同事宽容相处绝好的例子。其实在现实社会中，现代人也有自己的智慧，当然有些人会纠结，但也有人会用豁达的心与同事相处。

我朋友年初跟我说起他们年终总结后的事：总经理兴奋地登上讲台，说道："今年我们公司的业绩整体攀升，取得了不错的成绩，今天我只表扬第一创意中心。"这时台下第二创意中心的员工把目光投向总监，问："那我们呢？"第二创意中心的总监是个明白人，他说："我们是有差距，公司整体业绩好就好，表扬谁不重要。"

清醒认识，不纠结，无论做得多好对比总有先后，无论道理多明显，不同人做事都有自己的方式，也有性格上的差异。相处久了难免产生矛盾、分歧，如果人人各执己见，就容易产生冲突。此时，就需要用一颗宽容的心来化解纷争。同事间能一起工作，一起生活是一种缘分，遇事不纷争，碰到争执能用宽怀的心对待，应对事不对人地解决问题，别伤害感情。

生活中还有一组人群容易产生矛盾，也会时常面对纠结的，那就是婚姻关系中的两个人。婚姻中的两个人，共处一个屋檐下，有着相同的利益，风风雨雨几十年，但却因各自的个性而时时存在摩擦，为了使家庭更加幸福美满，却又不时地在制造麻烦，尤其是那些婚姻亮起红灯的家庭，个性造成的摩擦是主要的原因。无论是恋爱中的两个人，还是婚姻中的夫妻，要让感情更加地牢靠，相互的包容是必需的，你推我让的做法不是和稀泥，更是在为婚姻大厦做加固。只有宽容的婚姻才能实现"执子之手，与子携老"的美好爱情诺言。

宽容就像明媚的阳光，能使人积极、乐观，这种生活的正能量，会使生活更加地和谐美好；宽容就如高阔的天空，能容下不快、猜疑、仇恨等心灵的负能量，让内心明澈、开朗。因为宽容，我们才有了携手人生的美好；因为宽容，我们才有了团结协作的事业；因为宽容，才有了相互帮扶的友谊；因为宽容，我们有了无比美好的心境和宽阔美满的人生。

用豁达将你的心灵撑大

> 一个伟大的人有两颗心：一颗心流血，一颗心宽容。
>
> ——纪伯伦

经过生活锤炼的心是坚忍的，经过不如意的现实拷打的心是强大的。为什么有些事对于一些人来说是天大的事，对于另外一些人来说只是小菜一碟，不足挂齿？原因很简单，就是一个人对于外界事物的承受能力。这个世界上没有人是天天顺心，事事如意的，中国有句老话："福无双至，祸不单行。"有时候不如意的事会接踵而来，让你纠结不已，让你受尽委屈或磨难。但是，你着急有用吗？你生气能解决问题吗？

不能！越是心里纠结和烦躁，越会把事情搞得一团糟。这时候就需要拥有一颗冷静而豁达的心面对问题，有条不紊地去解决问题。

不用担心自己的承受能力，也不用怀疑自己内心的容量，人的心胸和心灵是由现实无数的不如意撑大的，是你在不断地煎熬、焦虑中挣扎、拼争、解脱的过程中撑大的，每一次走投无路的悲凉过后都会是心灵的又一次成长，不要纠结，不要退缩，更不能气馁，生命有无限可能，你的胸怀有多大，连你自己都无法想象，因为它没有极限，只有通过一次次的挑战，才会有一次次更加的宽广。

不要逞一时之快，不要意气用事，现实中很多的悲剧都是因为不能忍，都是因为心太小。比如你无法接受被人暗地里动手脚，打击、诬陷，经不起在拥挤的车厢里的一个挤撞，受不了上司的一句批评，受不了家长的一次训斥，等等，最后做出一些过激的行为，为自己的人生酿下祸患。《景行录》里有一句话："片刻不能忍，烦恼日月增。"能忍得下他人的排挤，表示你的信心和能力；能忍得下委屈，表示你有担当，敢于证明自己；能忍得下批评教育，你就能反省自我，实现个人更好地成长。你忍不下，说明你没有接受现实的能力，说明你在低看自己，这样只会烦恼不断，难成大器。

何必为一个日常小动作就大打出手，何必为了一句闲言碎语而耿耿于怀，何必为了一次不理想的成绩而放弃自己？在这个社会上，无论你在什么行业，无论你是谁，你如果没有"忍"的功夫，你就做不成事。连一句话，一个小小的动作都忍不了，一件小事就斤斤计较，一点小折磨都受不了，你何以担当大任，何以开创事业？

一次和朋友去咖啡馆，邻桌有个女顾客气呼呼地说："服务员，你过来，你过来看！"看到一脸冰霜的顾客，服务员怯怯地问："请问小姐有什么可以帮您的吗？""看看你们的牛奶都变质结块了！"这位女顾客没好气地说。服务员说："小姐，对不起，我马上给您换一杯，甜点也重新上一碟。"很快服务员端上了一盘和之前一模一样的——一杯红茶、牛奶、柠檬，还有甜点。放下盘子，服务员低声说："小姐，我可不可以给您一个建议，就是放柠檬的时候不要加牛奶，这样容易使牛奶结块。"

这位女顾客听罢立马脸红到脖子根了，用完餐匆匆走了。走后其他顾客就笑着问服务员："明明是她老土不懂，还那么粗鲁，你为什么不说她一顿杀杀她的威风呢？"

服务员说，没关系啊，有理就不担心她凶，但是我不计较，因为不是所有人都知道这种食用方法，她下次就知道了。

服务员的豁达和细心让咖啡厅的气氛顿时无比温暖，我们后来去这家咖啡馆只要看到这位服务员都会主动跟他打招呼。

常言道：有理不在声高，更何况日常生活中你是否确实有理呢？反过来，对于别人的无知、粗鲁，我们完全可以采取以牙还牙、以眼还眼的方式去“教训”他，但是这样做的后果只能是让人更加反感你，甚至会无理也要跟你争三分气，那又何必呢！

豁达的心理正能量在我国历史上有两个故事可以形成鲜明的对照，一个是宋太宗宴请大臣孔守正和王荣等人喝酒，酒过三巡，他们渐渐就有点“放开”言行了，开始互相争吵不休。旁边的人看了觉得这种情景太失礼了，问宋太宗要不要将他们二人抓起来治罪，太宗笑笑说可以派人送他们各自回家。第二天，酒醒之后，他们听说了昨晚的失礼行为，赶忙跑去宫中请罪。宋太宗说：“两位爱卿何罪之有？昨晚朕也喝多了，不记得发生什么事了。”

有如此的胸怀还怕江山社稷不能稳固，有如此豁达的雅量何愁无贤臣良将辅佐？

另一个故事是清末的慈禧太后与人对弈的故事。慈禧太后酷爱下棋，但是她“瘾大水平低”，很多近旁的人都知道，所以敷衍她说没有人是她的对手，久而久之，老佛爷自认为是国手。

有一天，她与出身象棋世家的御膳房太监廉琦对弈，关键时候，廉琦拿车吃了慈禧的马，出手之后，他慌忙说：“奴才杀老佛爷一匹马。”慈禧一看如此自己就输棋了，顿时大怒，呵斥道：“什么？你敢杀我的马？好，我杀你全家！”结果，象棋高手太监的全家被抄斩。

慈禧太后容不下一个人的一句笑谈，输不起一局棋，诛人全家，害人害己。一个普通的人心胸狭窄也许会给自身添很多麻烦，但一个掌控生死大权的人，心胸太小和计较之心太甚却将酿成一场悲剧。

无论是现实例子还是历史故事，我们都可以发现，面对别人指责、训斥，还是无心之过，你都不要太计较，用世事撑大自己的心灵，容纳世间太多的不完美，以包容的心态审视他人，接受别人诚恳的歉意，接纳自身的不完美，人的一生是漫长的，道路也是曲折和坎坷的，别一不小心误入歧途，应该培养宽恕于人的心，积累包容豁达的正能量，引领自己的心灵走向更空旷的世界，感化身边的人积极、阳光地生活。学会豁达不仅会使自己的心灵时刻阳光普照，也会将一缕温暖的阳光送给他人，使他人也能感受世界的美好和光明。

一个人有多豁达，他的人生舞台就有多宽阔。用豁达不断撑大你的心灵，你就能包容世事的艰辛和人生的不如意，让心不再纠结，让生活更加美好。

赞美，让听者顺耳，说者顺心

赞美是一种语言艺术，一种管理艺术，也是一种人生的正能量，它能给自己带来舒适感，也能给他人带来幸福感。学会赞扬别人，让别人的心情愉悦，自己也会更加开心。在遇到生活的烦心事，遇到内心纠结的事时，你不妨运用这种处世的智慧，它定能给你带来全新的生活体验。

美国著名的教育家巴士卡里雅曾说："把最差的学生给我，只要不是白痴，我都能把他们培养成优等生！"他所运用的方法就是鼓励赞扬法。赞美他人的做法在平常生活中也处处可见，比如家庭教育，一个被鼓励和赞美的孩子，会不断放大其优点，使缺点越来越小；婚姻生活中赞美的语言会是感情更加牢固，婚姻生活更加和谐；与人交往中，赞美更会给自己带来好人缘，助你事业发达。

中国有句俗话："良药苦口利于病，忠言逆耳利于行。"可现实中，有谁愿意听带刺儿的话呢？有谁愿意听逆耳的"噪音"呢？难道是忠言就必须是逆耳之言吗？为什么不能把忠言用一种让对方乐意接受甚至是愉悦的方式表达出来呢？

在某家饭店里发生过这样一件事。

老家一对夫妻开了一家包子店，妻子新研制了一种包子的做法，蒸好之后拿出来让顾客试吃。这种包子无论是馅儿的调配，还是外观都进行了创意，味道还是相当不错的，只是外观略微有些让人不适应，还有待于改进。而丈夫看到妻子将这样的包子拿出来试吃，立马就当着所有顾客的面开始训斥妻子："这么难看的包子你怎么能拿出来呢？你这样做把回头客都吃跑了，你行不行，不会再鼓捣一下弄好了拿出来吗？实在不行你不能找个人来教你吗？"一番话不仅伤害了妻子的自尊心，也挫伤了她创业的积极性。后来，两人为此事不知道吵过几次架，妻子甚至不打算干了，让丈夫雇人自己去做。

试想，如果当时丈夫能顾及妻子的脸面，能用委婉的语气，不这么批评妻子，换句其他的话，比如，"你的包子味道不错，外形还需要改进。""包子味道好，外形创意不太好，我们要是再试验不成功是不是请个人来教我们。"何必要用那么苛刻、严厉的话语指责妻子，导致家庭矛盾不断，影响创业呢？

类似的事几乎渗透到了生活的各个方面，工作中也经常会遇到，有些领导对自己的下属指手画脚、吆五喝六的，甚至有的领导遇到一点儿小问题就痛斥下属"不长脑子""笨手笨脚""榆木脑袋"等，这样的粗暴方式，不但让自己心里憋气，也让下属心里纠结难受。

员工是带出来的，而不是骂出来的，应该多用赞美，而不是责备。管理者要具备宽容的心怀，懂得欣赏自己的下属，能够包容下属的不完美，善于运用赞美的语言拉近彼此的心理距离，用中肯、善意、热情的语言感染员工，调动他们的工作积极性，提高工作效率和工作质量。在你善意而充满赞美的声音背后一定会有知恩图报，全心全意为企业谋利益的好员工。你的一句赞美不仅成全了企业的利益，也成就了一个员工的事业梦想，同时也给你带来了好人缘和好心情。

某项心理学研究显示，人人都喜欢被表扬，都渴望被赞美，同时也都需要他人不断地鼓励。实验结果显示，对待同一件事，你用赞美的语气与别人交流，对方会心情愉悦，能给你更高效、高质量的回报。当对方心理获得一种满足感时，他做起事来也会事半功倍，把事情做得更加漂亮。

心理学家威廉杰姆士说："人性最深层次的需求就是希望得到别人的欣赏和赞美。"不仅是夫妻之间如此，人与人之间都应该有这种赞美、欣赏的积极能量，这种正能量能使事物朝着良性的方向顺利地发展，并取得良好的效果。比如，现代家庭教育和学校教育都提倡多赞美孩子，发掘孩子身上闪光点，扩大其优点，建立孩子的自信心，这样才能使孩子有动力去做想做的事，也才能使孩子在愉悦的心境中学会主动积极地去做事。

比如："孩子，你的字写得太棒了！老师真为你感到骄傲！""这件事你做得太漂亮了，老师非常高兴。"类似的一句简单的话语，就可以让孩子心花怒放。每个孩子都有各自的特点和长处，家长和教师要善于发现他们的长处。用亲切的话语，自然流露的感情感染他们，就可以在他们幼小的心灵中燃起正确价值观的火花。

马克 · 吐温曾说："一句好听的话能让我不吃不喝活上三个月。"听起来有些夸张，但它另一个方面说明了赞扬对于一个人的重要性。有时，一句赞扬的话能让我们心情愉悦，一个赞许的目光可以让人信心十足。甚至在某些时候，一个善意的赞扬会影响人的一生，改变一个人的人生。

唤醒内心赞美的正能量，让心灵沐浴在赞美的阳光里，内心将不再纠结，生活将变得自在顺畅，生命也将健康地成长。

想开点，事情原本可能更糟糕

> 一个人如能让自己经常维持像孩子一般纯洁的心灵，用乐观的心情做事，用善良的心肠待人，光明坦白，他的人生一定比别人快乐得多。
>
> ——罗兰

人的一生，有无数的“想不到”“想不开”之事，当一件事情的发展、结局与你最初的设想、愿望相违背时，或者当你陷入山重水复觉得生活一团迷茫的时候，总会有人善意地提醒你“想开点”，虽则只有平淡无奇的三个字，但有时却能引导你看到柳暗花明又一村的新境界。

生活中烦琐的事不胜枚举，有的人在为婚姻烦恼，有的人在为工作闹心，有的人在为孩子担忧，有的人在为人际苦恼。其实在很多时候，不是生活中烦恼太多，只因为自己没有能放宽胸怀，坦然地面对生活的起落，正所谓：放不开，就得不到。如果你遇事能想开点，也许你的生活将会更加惬意。

一次和朋友家人聚会，朋友的爱人叙说了自己的烦恼，女儿今年上初中了，懂事，多才多艺，和同学的关系也很融洽，还在班级担任班干部，可惜就是她的学习成绩一直不佳。朋友的爱人为此事可以说绞尽脑汁，虽然自己的工作也很忙，但是她非常辛苦地协助孩子制订学习计划，有空就陪孩子参加课外辅导，每天亲自督促孩子学习……但结果仍然不能令她满意，所以她越来越心焦，情绪也有了很大的波动，动不动就指责、批评女儿，而且每一次测试的成绩都会牵动着她的神经。她还抱怨：以前这孩子老追着自己帮助她，可是现在这孩子老是躲着自己，有时候甚至和自己对着干。

通过她的一番描述，我基本清楚了情况，觉得朋友的爱人有点太心急。天下父母心，都是一样的，谁不希望自己的儿女好，但是太过担心，就会给自己增加压力，也会给孩子带来压力，这样不但不利于孩子的学习，还会给孩子带来心理困扰，学习成绩非但没有提高，还引起了孩子的逆反情绪。因此，父母有时候还真得想开点，给自己的心灵一个调适的空间，也同时给孩子一个自由发展的空间。如果你整天嘴上念叨个没完，眼睛像防贼似的盯着孩子的一举一动，他们承受得了吗？就正如我们在工作中，如果有上司一天到晚盯着你的一举一动，你能自在地工作吗？

我们聊了好久，朋友的爱人似有所悟："也许我真的错了，我的方法有问题，我太心急了，凡事都盯那么紧，把自己逼得心理压力极大，把孩子也逼得不堪忍受。我完全是一厢情愿，没能站在孩子的角度，没有顾及她的感受。"是啊，凡事想开点，也许事情远远不及想象中的那么糟糕。

其实，"想开点"的人会适时调整自己，自省自励，顺时而谋；"想不开"的人则怨天尤人，陷入苦闷、烦恼、消沉的泥潭之中。因此，在生活中，要学会不断给自己的心灵减压，人的一生就是不断地"想开点"，然后继续前行的过程。

有几个大学生，毕业之后合租了一套房子，他们几个人挤在一间二十平米左右的房间里，每天进进出出很是拥挤，由于上班时间比较集中，因此大家常常为了用水龙头或是卫生间等一些小事烦恼，也不时会发生一些争执。

有一次，其中的一个同学去拜访他们的大学老师，顺便提起了他们几个人的现状，就跟老师说："老师，我们几个合租一个房间，平时连个活动的空间都没有，更糟糕的是每天上班的时候，就跟打仗似的，非常烦人，这样的生活哪有什么乐趣可言。”老师微笑着说：“同学们几个在一起住是有点儿拥挤，但也不是没有好处，最起码你们可以相互有个照应，而且平时还可以分享工作经验，交流感情，难道这不值得你们高兴吗？”这位同学点点头，说：“是啊，我们在一起交流的时候也是很快乐的，尤其是感觉臭味相投的时候，真的觉得相互之间是那么地亲热。”

没过几年，同学们相继成家了，最后房间里只剩下这位同学。和以前相比，他的生活空间变大了，但是他觉得心里空落落的。于是在一个闲暇之日又去拜访自己的老师。“老师，我现在一个人住，根本不会有人和我争抢任何东西，可我一个人的生活觉得很孤单，感觉有点无所适从。”老师笑盈盈地说：“人不光可以与人为伴的，孤独的时候书是最好的朋友。”于是，他会在每天孤独的时候都去看看书。

几年后，他也成家了，住在大楼的一层。平时有一些不自觉的住户会从楼上扔垃圾，每天在这样的环境中生活，这让他心里非常不舒服。于是他又去找自己的老师。老师说：“你住在楼下就没有好处吗？”这位学生说：“有呀，往往回家不用坐电梯，万一停电了我也不用爬楼梯，而且一层开发商送一块空地，我平时可以种一些菜，养一些花……”说着说着，他自己突然就明白了，是啊，我这样想开点，其实也蛮好的，于是开开心心地回家了。

要想生活得舒心自在，就必须学会遇事能想开，想开了才会发现事情原本可能会更糟糕。人在想得开的时候，心自然就会敞亮了，什么事也就能看得清楚明了，做什么也都会问心无愧。正如这位学生，当他每一次想开后，都会觉得生活其实是美好的，而自己想要的不就是开开心心地生活吗。想得开，人的内心就会豁然开朗，人也会变得积极、阳光了，这种正能量能扫除内心的阴霾，重新找回快乐的生活。可以说，想得开，生活便是天堂。

人一辈子要经历许许多多的磨难与痛苦，有感情的、有生活的、有工作的、有身体的，等等，同时也会收获无数的喜悦与成功，其表现形式也是多种多样的。面对人生的悲喜起伏，掌控好自己的心态是关键。看得透、看得开、拿得起、放得下的心态，当属一个人自在生活的最高境界。

遇到问题时不要将问题扩大化，不要将问题看得有多严重，也不要觉得人生有多悲苦，凡事想得开一点，看得淡一点，拥有包容和放下的正能量，就能使内心不再纠结，就能使不快之气消失。如此便可坦然地面对人生的悲喜，自在地活出人生的另一番境界。

对别人的指责，一笑而过

> 一个人知道自己为什么而活，就能忍受任何生活。
>
> ——尼采

可以说，这个世界上没有一个人不向往美好的生活，也没有一个人不希望生活的一切是完美的。如果有谁说他不希望，要么纯属找茬儿抬杠，要么就是在撒谎。生活中，每个人都在用自己的方式追寻内心的完美世界，但是生活往往不会尽如人意。正如人们常说的那句话：缺憾也是一种美。没错，维纳斯能成为世人心中“美”的象征，就是因为她给世人展示了一种永恒的缺陷美。

因此，不要遇事纠结，不要苛责于己，也别动不动就指责他人。本着一种得之我幸，失之我命的随缘心态，往往事情会因为你的宽心，而朝着你意想不到的方向发展。

面对现实生活中的关系紧张、矛盾、指责，心理学家会建议我们要对准问题展开对话，而心灵修行者则会劝诫你要淡定，要放松神经，包容对方。可实际面临问题的时候，没几个人能像心理学家或心灵修行者所期望的那样。相反，争执和指责却是一种常态，通常我们会觉得男人式的责骂会是男人们的专利；而女人式的念念叨叨、没完没了就只有女人具备，事实是有些男人也会歇斯底里，也会絮絮叨叨将你的心“碾碎”，而有些女人也会用粗暴的语言责难对方。

这其中有个有趣的现象，一个被粗暴指责他人的父亲带大的女儿，等到其成年后，往往也会使用比较男人式的指责；如果是个心眼小，对一件事嘀嘀咕咕、没完没了的母亲带大的儿子，在成年后处理紧张关系时，同样会这样去做。

如果你不相信，可以回想一下，你指责别人的方式，是不是在使用曾被指责的方式来指责别人？

其实，往往指责的内容与实际问题的严重程度无关，也与实质的问题无关。比如夫妻之间经常会发生这样的事，一方责备另一方：“跟你说了多少遍了，你不知道摆好鞋吗？”答：“没注意到。”还有：“把醋递给我！”“你觉得我做的汤还不够酸吗？”等等。总之，并不是实际鞋有没有很好地摆放，醋和汤的浓淡程度所造成的，而是心态在作祟。

这类问题在生活和人际关系中可以说是随处可见，不胜枚举，生活的琐事虽繁杂，但绝对要做个清理，否则一定会影响到自己的生活、家庭、事业。首先要为行为定个坐标，有个参照距离，同时给自己定好位，这样可以免除对方无意的挑衅，也可检讨自身问题，并能反思是否还有其他的做法。而最重要的一点是，能够宽容对待对方、乐观地处世，摆脱指责的自动性，对下意识的指责会有一种防控作用。从自身来说，应该具备宽心的修养，会用幽默的方式应对指责。

在日常工作和学习中，谁也避免不了被人批评，谁也避免不了去指责他人。也许有时候我们不愿意这样去做，但因为这样或那样的原因，我们还是做了。如果你确实控制好了这个度，在被人无故批评时，能一笑而过，没有因为不公正的指责而坏了心情，证明你的气度确实非凡；如果你能面对别人的错误、失误，能够沉下心用正确的态度来告诉对方问题的原因，也许对方能够乐意接受，自己也心情舒畅，这种方式确实能体现一个人的人格魅力，你是否拥有？

有喜欢看西方励志故事的人都熟悉一个人物——有“美国钢铁大王”之称的安德鲁 · 卡内基，而他提名的第一位公司总裁是38岁的查理 · 夏布，是因为卡内基独具慧眼，还是夏布实至名归？为什么安德鲁·卡内基每年要花100万美元聘请夏布先生呢？这相当于每天支付3000多美元。难道夏布先生是个了不起的天才？还是夏布先生对钢铁生产比别人懂得多？都不是。夏布先生曾说过，在他手下工作的许多人对钢铁制造其实都懂得比他多。

夏布之所以获得高薪，主要是因为他有一颗包容的心，不会遇事指责他人，而是善于乐观、热情地处理人事，管理人事。

“我想，我天生具有引发人们热情的能力。促进人将自身能力发展到极限的最好办法，就是大家相互勉励。而来自长辈或上司的批评，最容易丧失一个人的志气。我从不批评他人，我相信勉励是使人工作的原动力。所以我喜欢勉励而讨厌吹毛求疵。如果说我喜欢什么，那就是真诚、慷慨地勉励他人。”

这就是夏布处世成功的秘诀。但是，一般人是怎么做的呢？正好相反，假如他们不喜欢一件事情，必定对下属大吼大叫；如果喜欢，就默不吭声。

我们再来看一位禅师和自己弟子的对话。

一天，有位弟子对禅师说：“我天生性情暴躁，不知道要怎么样才能改正？”禅师听后对他说：“你把这天生暴躁的性情表现出来，我帮你改掉。”弟子回答：“不行啊！我现在没有。但是，一遇到某些事情的时候，‘天生’的暴躁性情就会跑出来，然后，我就会控制不住发脾气。”

于是，禅师说：“这个情形倒是很奇妙。如果现在没有，只是在某些情况下，你才会脾气暴躁，可见这并不是天生的。”弟子固执地说：“但是只要有人指责和辱骂我的时候，我就会控制不了自己，随后我根本都不知道自己干了些什么。”禅师说：“正是因为你和别人争执，才导致了心情烦躁，这其实是人为造成的，而你却以为是天生的，把责任推给了上天、推给父母、推给了他人，这未免太不公平了。”

经过禅师的一番开示，他终于会过意来，原来面对别人对自己的指责时，自己才会充满烦恼，之后才会产生暴躁的情绪。当明了了原因，弟子开始努力地以一种宽心的态度面对别人的指责，当突如其来的责难降于头顶时，他能够坦然一笑，从而改变了自己暴躁的性格，收敛了脾气，也多了一份生活惬意的福气。

或许你觉得这位弟子处理问题的方法不过是轻描淡写的一笑罢了，也许现实生活中正是这样一个微笑，却能化解鸡毛蒜皮的小事引发的纠纷，避免与人冲突，也让自己的心不再纠结于一时一气之争，能宽心自在地面对生活。

因此，遇事别太较真，当遇到别人无理的说教、指责时，先坦然地面对自己的内心，用宽心的正能量先接受，再寻找机会改变，这样你的心里就不会委屈，就不会纠结，也不会让自己变得很累，烦恼满怀了。

谨记这一点：如果你听到有人在恶意中伤你，你甚至不必回头去看是谁在出口伤人。对于那些“只是笑笑”的人来说，别人还能说什么呢？即使我们无端受到指责，成为别人的笑柄；即使我们被人欺骗，被最最要好的朋友出卖；即使我们被人暗算……也不要纵容自己不快乐的情绪，要学会用最灿烂的笑容打败那些无道理的指责。内心强大的笑容，往往是消灭流言的最大武器。

宽恕别人，就是解脱自我

> 山谷的最低点正是山的起点，许多走进山谷的人之所以走不出来，正是他们停住了双脚，蹲在山谷烦恼哭泣的缘故。
>
> ——林清玄

有一句话叫：爱上你的仇人。这句话说来简单，但对于大多数人来说，是很难做到的，或许有一些人可以做到不记恨，可以做到淡忘。因为生活还要继续，你的心里填满了仇恨，你将活在痛苦之中，痛苦的生活不但对生活无益，而且会损伤心灵、损害健康。因此，如果你做不到去爱自己的仇人，最起码可以忘记他们给你带来的伤害，这的确是一种解脱自我的聪明做法。

俗话说："不能生气的人是笨蛋，而不去生气的人才是聪明人。"美国纽约州曾有一个州长叫盖诺，在他任州长时，就被一家小报攻击过，后来还被一个疯狂的人偷袭，险些送了性命。当他躺在医院的病床上挣扎时，还在说："每天晚上我都要做一件事，就是原谅所有伤害我的人和事。"

克里斯托弗·皮特森是美国伊利诺伊大学的心理学家，他曾说过："宽恕和快乐紧紧相连，宽恕是所有美德之中的王后，也是最难拥有的。"对一个自己憎恨的人，我们有时候会怒不可遏地说一句："我恨你！"

但是往往我们说的这句话对方听不到，只是自己在跟自己较劲。因为对方并不知情，所以对方不痛不痒，也不会受什么影响。有损失的反而是自己，因为心中有恨，你的内心就难以平静，就会纠结不已。鉴于此，我们应该学会聪明的生活态度，发挥内心的正能量，消解内心的愤懑，化解内心纠缠的疙瘩。

多年前的一个女同事离婚了，有一天给我来电话说："我不够宽容，经常为了一些小事和自己的老公大吵大闹，有时候因为老公的一个脸色或是一句不中听的话，就会心烦、郁闷，甚至心有不甘，总想理论出个结果，搞点名堂出来，搞来搞去，自己也搞得伤痕累累，对方也疲惫不堪，伤了对方也伤了自己，后来很无奈地离婚了。"

接完这个电话，我内心久久难以平静，好端端的一个家就这么折腾没了，如果遇事能和对方进行沟通，如果不那么计较对方的一点一滴，如果能宽恕对方一些非原则性的问题，如果……其实，所有的假设都是无用的，悲叹之余，我更多地是在思考，在现代这个竞争激烈的社会中，人们的各种压力都在加大，时代催促着每个人的脚步，因此内心都或多或少有些焦虑、急躁和浮躁，在这种负能量的影响下，宽容也正悄悄地从人们的意识中消逝。

例如，司机在马路上为了抢道骂骂咧咧；乘客在公交、地铁上为了拥挤互扇耳光；在交际场上与人顶牛，相互挖苦；在家里，被家人错怪；在单位，和同事之间的误会……

宽恕别人的鲁莽，也体现了你内心的博大。宽恕别人，其实就是在为自己的心灵找到一个出口。因为这个世界本来就是不完美的，所以你也找不到完美的人，谁都不会一点毛病没有，一点错事不干。因此，不要太较真，不可避免的一些磕磕碰碰，千万别往心里去，能过去的就过去，何必真刀实枪地干呢？何必难为别人也伤害自己呢？

有句话说："以牙还牙。"分手、离婚、报复貌似都符合人的本能心理，但这样做的后果却使问题更加复杂化了，怨也越积越深了。当一个人的心长久地处在一种愤懑之中，甚至是怨恨之中不能自拔时，他的心灵还会被阳光照耀吗？他还能找到生活的快乐吗？如果不能及时地卸下内心的枷锁，宽恕他们，你就无法解脱自己，你的余生也就只能是在痛苦、怨恨中度过了。

宽恕或原谅那些曾经伤害、误解、冤枉、羞辱、谩骂我们的人，让自己的内心在和谐的氛围中不断成长壮大。宽恕能让你跳出自设的樊笼，成就自在的真我。唯有懂得宽恕，才能得到真正的快乐。学会宽恕他人，如此你也能心安自得地生活。宽恕是一种心灵正能量，也是一种驾驭自我的能力，善用宽恕是人生的大智慧。宽恕他人，不是所谓的“精神胜利法”，而是从自我内心深处消除与他人的隔阂，扫清人与人之间的障碍，如此会使你的心胸豁然开朗，仿佛置身浩瀚宽阔的海洋，如同驰骋在一马平川的绿野之中。当一个人心情愉快舒畅，没有芥蒂和后顾之忧了，就能吃得下、睡得香、玩得痛快、活得踏实了。

第三章 心仁：雕琢灵魂，你是快乐生活的艺术家

假如一个人能够心怀善念地为人处世，那么他一定会拥有更多的朋友，同时看待人生的境界也会上升到一个新的高度。虽然我们帮助别人的目的不是为了得到回报，但是受到我们鼓励、扶助的人们一定不会对我们的善意之举视而不见，他们同样会用一颗善意的心来对待我们，善意的付出同样会获得同比例的回报。用一颗善良的心去赢得别人的称赞，以善良的心态对待他人，多为他人添油香，我们的内心也会变得丰盈、快乐。

用至善的力量拥抱你的不舒服

宽以待人，懂得珍视感情的珍贵，会帮助我们自觉地克制怒气。不会愤怒的人是庸人，只会愤怒的人是蠢人，能够控制自己情绪、做到尽量不发怒的人是聪明人。

你有没有留意过某个时间、某个阶段或是某个季节你会十分易怒？生活中的一点小事都会在你的心中产生巨大的反应，比较简单的事例就是女性的月经期间，大多数会变得暴躁易怒，当然这个例子也许有失偏颇，毕竟这和女性的身体机能有关，我要说的只是一种心境和状况。

网页上、报纸上的社会新闻时常可见因怒生恨的案例，大多数的情杀也好，仇杀也好都是由愤怒一步步地演化而来，从争论微不足道的琐事开始，逐渐扩大，零星的愤怒之火愈烧愈旺。就是这把愤怒之火把闺蜜、恋人、亲友拒之于千里之外，葬送掉原本亲密的友情、爱情，甚至是亲情。

生活中，我们难免会遇到别人的冷嘲热讽、恶意中伤，如果一时控制不住自己的怒火，出言反击，甚至与对方大打出手。不管是中医还是西医都会告诫病人应保持和乐的心态，因为人在生气时，血液会大量地涌向头部，此时血液中含的氧气减少，毒素增多，会使脑血管的压力瞬间增大。而且，经常生气会加速脑细胞衰老，容易长色斑、心肌缺血，还有其他很多疾病。听起来就觉得可怕，然而大多数情形是，我们知道生气不好，就是咽不下这口气。沿着这种“咽不下这口气”的思路想下去，任凭愤怒的火苗彻底燃烧，我们就会失去理智。

时常惹得我们愤怒难堪的，往往是我们身边亲近的人。同事若兰和欣欣是一对形影不离的好朋友，她们几乎每天都一起上班下班，休假的时候一起去逛街、看电影、一起旅行。然而，自从若兰交了男朋友以后，似乎一切都变了。若兰有时答应和欣欣一起出去却中途变卦，两人做好的周末安排也临时被打乱，欣欣也并不在意，她也理解若兰的生活变化，毕竟自己已经不是她的生活重心了。可是，若兰一再不顾欣欣的感受，三番五次毫无诚意地允诺欣欣各种各样的聚会，却没有一次守约。欣欣问起她，她还振振有词说是欣欣不给她一点儿私人空间。

欣欣当时非常愤怒，因为那些聚会并不是欣欣要求和提议的，而是若兰提出来的。可能是若兰和男友吵架之后临时起意，男友道歉后，就撇下欣欣跑去和男友约会。这样的情形不是一次两次，欣欣觉得自己总是被若兰戏弄。她很想发火，但冷静下来之后，她又觉得和若兰的友谊异常珍贵，她们大学毕业一起在大城市打拼，愤怒发火只能让彼此的友谊出现裂痕。最后，欣欣开诚布公地和若兰做了一次谈话，若兰为自己的行为向欣欣道了歉，她们又和好如初。

宽以待人，懂得珍视感情的珍贵之处，会帮助我们自觉地克制怒气。不会愤怒的人是庸人，只会愤怒的人是蠢人，能够控制自己情绪、做到尽量不发怒的人是聪明人。除了宽容他人，不妨试试多运用理智，将情绪引入正确的表现渠道。合理宣泄怒气，疏导愤怒的情绪，不妨试试心理学家的建议：

第一步：认清心中的怒意。

第二步：找出生气的对象。

第三步：站在“肇事者”的立场，为那个寻晦气的人寻找合理的理由。

第四步：在心中默数，数到 10 或以其他方法放松精神。注意数数的时候不要直接数 1234，而是要这样去数 1001,1002,1003……

1010。这样数到1010时间刚好过去10秒。就是这珍贵的10秒，能够平息自我。

第五步：表达不满时，采用不攻击他人的方式。与其说“明明是你的错，你真是太离谱了”，不如说“我觉得很难过，你完全没有考虑我的意见”。

第六步：倾听他人。沉溺于自己的得失与伤怀时，不妨多听听他人的想法。这是解决愤怒的关键。

第七步：也是最关键的一步，那就是宽恕。

遇到让自己不舒服的事情，或者心理上不能接受的事情，我们要适当地平息自己的情绪，怀着一种包容的心态去面对。用至善的力量拥抱所有的不舒服，控制好情绪，让自己快乐轻松地前行。

一句悦耳的话能抚慰一颗受伤的心

> 好的语言不是虚假绘饰的空话大话，也不是谄媚附和的甜言蜜语，而是发自内心的乐观与温暖。

生活的社会是人与人组成的，我们作为社会中的个体时刻面临着人与人之间的交流和沟通。然而，人与人之间的沟通方式大多依赖语言。一个人不注意自己的言语表达，说话太多就会给别人留下不稳重的印象。说话太尖锐，不仅会影响朋友之间的感情，还会让自己失去别人的尊重。

语言作为传达感情、沟通交流的工具，在我们的生活中扮演着重要的角色。如果一个人一讲话就滔滔不绝，完全不顾他人的感受，说出的空话、套话远远多于有用的话，这样的说话方式很难得到他人的喜欢。有的人说话太直白，即使是出自无心，也会成为伤人的利器。有时候，一句不好听的话就会造成难以挽回的后果。人的心灵十分脆弱，也很容易受到伤害。我们要想得到别人的尊重和理解，就需要注意自己的说话方式，一句悦耳的话能抚慰一颗受伤的心灵。相反，一句恶言能伤害一颗真挚的心。

好的语言不是虚假绘饰的空话、大话，也不是谄媚附和的甜言蜜语，而是发自内心的乐观与温暖。诚恳谈论问题，热心关怀他人，用最温暖的语言，表达出最诚挚的心意。在家庭里，夫妻之间一句悦耳的话能消弥彼此之间的间隙。在工作中，一句动听的话语能让上司与下属更加默契。在生活中，朋友之间更需要悦耳的话来抚慰彼此的心灵。事实上，话语不仅能缓解人们之间的矛盾，还能增加人们的心灵体验，让人从心理上感受这份温暖。

王明是一家卡车工厂的技术部的经理。他公司里有一个工人脾气十分不好，经常与其他的同事吵架拌嘴，扰得其他同事很不耐烦。近来，这位同事不仅乱发脾气，工作状态也越来越不好。王明想找这位同事谈话，了解一下具体情况。

这位同事见到王明也十分不耐烦。说话轻狂，态度傲慢。王明面对他的吼叫并没有发火，而是与他进行了恳切的交谈。

他对这位同事说："您是一个很好的技术工人，在这里工作也有十几年了。您修的车子也令顾客十分满意，很多人夸赞你技术很好。但是，如果您经常对大家发脾气，就会让别人觉得您态度傲慢，这样会影响您的信誉。如果您觉得有什么问题，可以和我说，我帮您解决。"

这位同事听了王明的话，心里觉得十分温暖。就对王明说自己最近因为家事心中烦闷，并和王明说自己以后会注意言行。

其实，好的语言不是一些虚假的空话，也不是一些谄媚的甜言蜜语。而是能够让人们的心灵得到安慰的话语。一个人的言语正是内心的写照。内心清明的人，他的思想纯净，观念洁净，能从自己的内心制造出正确的见解，也能说出让人舒服的话语。

话语最能反映出人内心最真实的情感。一个人内心软弱，他说出的话也会十分无力，避实就虚，遇到事情不敢分辨。内心不平的人，说出的话虽然坚硬却带有硬刺，容易给人带来伤害。真正内心强大的人，不管遇到什么事情，不会用尖酸刻薄的语言来打击他人，也不会想着以牙还牙、以眼还眼，而是用柔和、宽厚的态度回应。

悦耳的话是一种力量，也是最能打动人心的语言。我们在生活中，要从自己的心底出发，将内心最纯净、最真实的想法表达出来，用悦耳的话去温暖身边的人。

和自己赛跑，不要和别人比较

幸福是一种心理感受，那些心态平和的人也许在生活中物质的享受并不比任何人好，只是他不与他人比较，敢于接受自己，懂得知足而已。

在我们的生活中，人们的生活轨道不一样，生活方式也有着很大的不同。我们常见到那些明星、名人在掌声和鲜花中，名利双收，就以为他们的生活过得很幸福，很多人羡慕这种生活，抱怨自己庸庸碌碌。其实，不管是什么样子的生活，重要的是你能否从心理上感受到幸福？有的人生活十分平凡，没有山珍海味，没有锦衣玉食，只是享受与家人在一起的快乐，不计较其他的得失，也能得到心灵上的满足。

其实，名利双收的人在心理上也并非全都快乐。正所谓“人生失意无南北”，富贵人家有悲痛，茅屋中同样也会有笑声。如果你只是计较生活的质量，不在乎内心是否富足，你也体验不到真正的幸福。幸福是一种心理感受，那些心态平和的人也许在生活中物质的享受并不比任何人好，只是他不与他人比较，敢于接受自己，懂得知足而已。

不和别人计较，不是让人们放弃对好生活的追求，不是让我们安于现状，而是让人们在生活中心怀善念，善待自己。不管是什么样子的生活，都是人生的体验和存在方式，我们需要重视的是自己的心灵感受。

与人对比，只能让自己陷入哀伤和不快之中，我们应该做的是和自己的心灵赛跑。

有这样一个故事：一个年轻人整天抱怨自己生活不如意，他羡慕邻居家有名贵的车子，也羡慕亲戚家身居高位。想到自己什么都没有，年轻人就觉得十分痛心，总是郁郁寡欢。朋友见他心中这样煎熬，就帮他预约了一位心理医生。年轻人几番推辞，最后还是走进了心理咨询室的大门。

年轻人问医生说："医生，我最近十分苦闷，你说我为什么得不到幸福和快乐呢？"医生从容地看了年轻人一眼，说："你觉得自己哪里不快乐呢？"

年轻人说："我没有宽大的房子，也不能享受富贵生活。"

医生说："你还记得五年前的生活目标吗？"

年轻人想了想说："那时，我只想拥有一套自己的房子，不管房子多大，只要住着舒心。那时想娶一个贤惠的妻子，有一个可爱的孩子。"

医生说："那你现在拥有这些了吗？"

年轻人说："拥有了。但是我身边的人看起来比我生活得更好。"

医生笑了，他说："年轻人，人生不是和别人赛跑，而是和自己赛跑。你只有看重自己的幸福，才能从心理上体味这份幸福。"

其实，我们又怎么知道别人一定比自己好？每个人的生活都拥有缺憾，每个人也拥有让别人羡慕的东西。所以，我们要懂得欣赏自己的生活，放松自己的心灵，让自己活得随心所欲。

如果我们一味沉浸在与别人比较的生活中，会因为比较而失去自我。这样还会影响到我们的家庭、工作、生活，也会让我们的心情受到影响，给生活带来痛苦。物质生活更能冲击我们的心理防线，让我们的心灵发生摇摆。这就需要我们接受自己的生活状态，欣赏自己拥有的一切。

那些总是抱怨自己不幸的人，不要用沉重的欲望迷惑自己，不要总是看到你还不曾拥有的东西，而要静下心来，放下心灵的负担，用"和自己赛跑，不要和别人比较"的生活态度来面对生活。如果我们愿意放下身段，观摩别人表现杰出的地方，从对方的表现看出成功的端倪，收获最多的，其实还是自己。

赞美要源于发自内心的真诚

> 每个人都渴望得到别人及社会的肯定和认可，尤其在付出了必要劳动和热情之后，都期待着别人的赞美。真诚的赞美能让人们的心理得到安慰，让脆弱的心灵得到抚慰，让虚弱的心慢慢安心。

很多人都会有类似的体会：当被别人夸奖学习成绩好时，你的心里顿时觉得美滋滋的。当别人说你很懂礼貌时，你的笑容顿时绽放如花，当有人夸你漂亮，你会一整天心情愉悦。我们的生活离不开赞美，也时刻需要赞美。当你由衷地去赞美别人，就会发现，对方也会和你一样开心。赞美拉近了人们之间的距离，也从心理上更加亲近。

美国哈佛大学的专家说，人们的大脑，在收到赞美的刺激后，大脑皮质的兴奋中心也会开始起劲调动子系统，从而影响它行为的改变。期望和享受欣赏是人类的基本需求之一，也是人们的精神财富。

人们正是有了这种渴望和价值的冲动，不管是一文不名，还是富甲一方，都会去充实自己，提高自己，以得到人们的认可。每个人都渴望得到别人及社会的肯定和认可，尤其在付出了必要劳动和热情之后，都期待着别人的赞美。

赞美，需要一颗真诚的心。赞美不是发自内心，只能成为一个空洞的言辞，并不能打动人心。真诚的赞美能让人们的心理得到安慰，让脆弱的心灵得到抚慰，让虚弱的心慢慢安心，让不自信渐渐有信心。

有一个妈妈，对孩子十分严厉。她对孩子的要求十分高，孩子考了本班第一名，她从来不夸赞，而是严厉地对孩子说，你离年级第一名还有一段距离。孩子听了这些话十分伤感，心事压在心中，心情越来越低落。有一次，儿子考了第二名，妈妈十分生气，就大声斥责儿子。孩子十分伤心，就呜呜地哭了。这位妈妈更加生气，就动手打了儿子。父亲看到后，对这位妈妈说："孩子也需要赞美，你一直责骂孩子对孩子的身心也十分不好。"

后来，妈妈改变了对孩子的态度。孩子考了好成绩她就赞美，考得不好，她就鼓励。孩子受到鼓励，心情越来越好，也渐渐开朗起来。

其实，不管是面对孩子，还是面对朋友、亲人，我们都需要怀着一颗真诚的心去赞美他人。人大都爱听好话，没有人打心眼里喜欢别人来指责自己，就是相濡以沫的朋友，你批评几句，对方往往脸上也有挂不住的时候。赞美却能让人们之间更加信赖。

在赞美他人的时候，我们要尝试多发现他人的优点，真心去赞美他人，而不是口是心非，纯为外交辞令式的恭维谄媚。

当然，如果我们美好的语言只是一种肤浅、做作地巴结或谄媚，将是毫无意义的。那种虚假的并非发自内心的赞美，胡乱使用早晚会惹来一身麻烦。只要给予他人由衷的认可和毫不吝惜的赞美，人们自会感怀在心，牢记你的每一句话，甚至在你早就忘掉自己的赞美之后，他们仍将视同珍宝般反复地从记忆中取出，慢慢地品味。

将责骂当作一首赞美诗

> 真正内心强大的人不会在意别人的责难和谩骂，坦然面对生活的苛责，换一种心境去面对责骂，我们收获的也会更多，这样的内心也会更加充实。

不管是在工作中，还是在生活中，我们时常会听到责骂声，也会因为自己受到责骂伤心难过。我们听到责骂的声音，不仅会心里不舒服，甚至还会怨恨对方，内心充满愤懑。其实，面对别人的责骂，我们换一种心境去面对，或许会有不同的心灵体验。

我们常常听到一些家长责骂孩子，这种责骂中带着关切，让人心中沉闷却不觉得难过。我们也听过一些老师斥责学生，责备中还带着痛惜，让人愧疚却不觉得委屈。其实，我们面对的大多数责骂，都是带着对我们的期望，如果不想让你有更好的进步，干脆不管你就好了，何必跟你多费口舌得罪你呢？

如果没有一番内心的刺激，我们往往会变得懈怠，容易随波逐流。只有在经受了心灵上的打击之后，我们才会奋起直追，超越原来的自己。

林鹏是一家餐馆的服务生，经常受到老板的责骂。刚开始的时候，他心中十分不满，对老板经常抱怨，做事也没有原来积极。后来，他发现，每次被老板责骂之后，自己虽然心里不痛快，但是按照老板的说法去做，确实能改进不少。他也因此学会了不少东西。

后来，林鹏每次见到老板都会积极地去请教问题，即使被老板骂，他也不灰心。做完每一件事情，林鹏还会问老板有什么需要改进的办法。老板就会给他指点，林鹏认真聆听教诲，及时改进缺点。

林鹏这么积极地面对老板的责骂，不怕老板指出缺点，也不怕老板斥责他。这种积极的学习态度让他学会了很多知识。慢慢地，他越来越受到领导的器重。

这样过了两年，林鹏学到的越来越多，受到的责骂越来越少。这天，老板对林鹏说："我一直在观察你，你不怕我的责骂，将责骂当作赞美，这种心态十分值得赞扬。我很喜欢你这种学习的心态，打算提拔你当经理，让你有更大的学习空间。"

林鹏十分感激老板的鼓励，以后做事情更加尽心。遇到问题都会及时地请教老板。虽然也会受到责骂，但他把这种责骂当作赞美，也越来越受到老板的器重。

我们在工作中经常会受到指责和教训，这些教训是对我们错误的一种指责，但也是我们认识错误的一个机会。如果我们能用一颗宽容的心去面对责骂，将责骂当作赞美，及时改正自己，收获的是我们自己。

有人受到责骂之后，因为心理承受能力弱小，会自怨自艾，或者心怀不满，自暴自弃。这些都是因为内心防线脆弱的原因。真正内心强大的人，不在乎别人怎么说自己，而是心怀善念，将责骂当作赞美，也是给自己面子。

如果我们因为受到责骂而感到丢脸，而心中愤懑的话，这是我们的内心不够坚忍。面对责骂，我们需要换一种正确的角度来想，认为他在培养自己、教育自己、帮助自己。这样，我们才能从责骂中接受错误，并改正错误。

设身处地为人，将心比心待人

摒弃私心，推己及人，善于站在别人的立场上考虑问题，他就会散发一种强大的吸引力，因为受到他身上温暖能量的吸引，人们会纷纷与他结交，他身边聚集的人越来越多，交际圈就会越来越广，事业也会越来越顺利。

设身处地为人思考，将心比心为人考虑，是一种做人的境界。无论面对什么样的处境，无论身处什么样的时代，若是能做到换一个角度看待生活，心就宽了。在与人相处的过程中，就能多结善缘，善缘结得多了，人生之路就会更通畅。

事实上，我和大家有共同的弱点，我们的人性中都有善妒、自私的一面，见不得别人比自己过得好。一见到别人比自己好，虽说不会像电影中塑造的偏执狂一样想要破坏到底，但是在心里还是会觉得十分不舒服。我们常常因为做事只凭一时冲动，结果导致人际关系破裂而犯下错误。其实，要改变这种自私偏狭的心态，只是需要我们能够换一个角度去看待困扰我们的问题。

摒弃私心，推己及人，善于站在别人的立场上考虑问题，他就会散发一种强大的吸引力，因为受到他身上温暖能量的吸引，人们会纷纷与他结交，他身边聚集的人越来越多，交际圈就会越来越广，事业也会越来越顺利。站在他人的立场上考虑问题，抛开个人的狭隘视野，时时不忘换个角度看问题，是一种转换思维和视角的过程。这个道理十分通俗易懂，也十分大众，但是真正能执行到位的人很少，信奉将心比心的人更少。外婆给我讲过这样一件事：有一次她去商店，走在她前面的一个女孩儿推开沉重的大门，一直等到她跟上来才松开手。当外婆向她道谢的时候，那个女孩儿轻轻地说："我奶奶也和您的年龄差不多，我希望她遇到这种时候，也有人为她开门。"听了外婆的讲述，我的心温暖了许久。

一天，我去医院输液，因为床位有限，很多人挤在通道里。我挨着一个母亲，她也是来输液的。一个年轻的护士为这位母亲扎了两针也没有扎好，眼见针眼处鼓起青包，陪母亲一同来输液的女儿正要抱怨几句，却被母亲用平静的眼神制止。护士额头上密密的汗珠，女儿不禁收住了涌到嘴边的话。母亲轻轻地对护士说："不要紧，再来一次！"第三针果然成功了。那位护士终于长出了一口气，她连声说："阿姨，真对不起。我是来实习的，这是我第一次给病人扎针，太紧张了。要不是你的鼓励，我真不敢给您扎了。"母亲用另一只手拉着女儿，平静地对护士说："这是我女儿，和你差不多大小，正在医科大学读书，她也将面对自己的第一个患者。我真希望她第一次扎针的时候，也能得到患者的宽容和鼓励。"听了这位母亲的话，我心里又感到一阵温暖。

如果我们在生活中能将心比心，就会对老人生出一份尊重，对孩子增加一份关爱，就会使人与人之间多一些宽容与理解。儒家亚圣孟子有一句很著名的话，叫作"仁者爱人"。这句话最早出自孔子之口："樊迟问仁，子曰'爱人'。"简简单单的两个字，道出了仁的本质，仁就是爱人。在现实生活中，每一个人其实都是另一个人旅程的伴侣，遇到问题的时候我们都不要过于强求，若能设身处地站在别人的角度考虑问题，为别人想一想，便会减少很多不满和抱怨，使自己的工作和生活气氛轻松愉快，使人与人之间的关系变得平和美好。

听从内心的指引去处事，推己及人，设身处地地为他人着想，跟随我们每个人的仁爱之心，急人之需，急人之难。要想知道别人的鞋子合不合脚，穿上别人的鞋子走一走，就能够知道。我们每个人对待事物、处理事情，往往依照自己的价值观和思维定式来判断，这样一来很容易与他人的价值观产生摩擦，爆发冲突也是在所难免。所以，不妨尝试设身处地为别人思考，自己厌恶的对待，也不要用那种方式对待别人；自己所不愿承受的，也不要强加于别人头上。将心比心，用仁爱的心去观照他人的心。

别太计较，有人脉才有人气

> 心胸狭窄，绝对是成功路上的绊脚石。在为人处世上最忌讳的就是感情用事。对于在人际交往中受到的误解或是伤害，一笑置之比揪住不放更高尚。因为一笑置之所产生的心理震动，比责备所产生的心理震动要强大得多。

我们常常因为过于计较而产生消极的情绪，作出错误的判断，然后造成一系列坏的影响，无论是对于完成工作，还是人际交往，都会有干扰。有的人因为斤斤计较导致负面心理力量过强，就会做出许多误导心理的事情，破坏自身与内心的和谐。很多时候，人们觉得一切事物都不公平，却不知道是自己太过计较，导致自己的心理失衡了。

人是社会性的动物，人们的内心变化也会对外界产生影响，形成连锁反应。拥有和谐内心的人，必然能够正确地看待得与失。人生的过程中，有无形的得失，也有有形的得失。“塞翁失马”，失去的是有形的马匹，得到的却是无形的生命；“失之东隅，收之桑榆”也是同样的道理。

很多成功人士在各种演讲或是其他场合都说过这样的话，成功并不是依赖技巧，而是得到的时候不过于惊喜，失去的时候不过于悲伤。

这句话放到我们的身上不就是人生的方向吗？我们的一生不就是在得与失中追求人生的平衡吗？当下得到的东西最终不一定属于你，而此刻失去的东西有一天也可能会再次回到我们身边。所以，我们不必在得与失之间太过于计较，不计较得失的人，必然会保持一种平和轻松的心境，让内心实现和谐。

心胸狭窄，绝对是成功路上的绊脚石。在为人处世上最忌讳的就是感情用事。对于在人际交往中受到的误解或是伤害，一笑置之比揪住不放更高尚。因为一笑置之所产生的心理震动，比责备所产生的心理震动要强大得多。如果自己能够看得开，不但自己能够及时释放心理垃圾，而且对方也能及时开解自己，双方才能友好相处。假如别人伤害了自己，怨恨只会将两人之间的距离越拉越大，做到宽容以待，反而能够避免造成更大的损失和伤害。

成功学大师戴尔·卡耐基在书中讲述过一个故事，故事中讲到他时常带着自己的狗到公园去散步。公园规定在公园中必须为狗戴上口罩，因为这样可以确保其他游客的安全。狗带上口罩呼吸就会不那么顺畅，卡耐基不忍爱犬受这种折磨，就暗地里把口罩拿了下来。没想到被公园中的巡视人员看到了，他急匆匆地走过来，粗声粗气地对卡耐基说："难道你没看见门口贴的公告吗？"卡耐基争辩道："可是我的狗温顺得很，它绝对不会咬人的。"巡视人员听了卡耐基的狡辩更加恼火，警告他说："我可不管你的狗会不会咬人而放过你，下次再被我看到，你自己对法官说去！"

巡视人员看卡耐基给狗戴上口罩才离开，就这样俩人不欢而散。过了几天，卡耐基又带着爱犬到公园里溜达，趁没人注意再次将狗的口罩拿了下来。说来也巧，上回碰到的那个巡视员，又钻出来了。卡耐基满面羞愧地迎上前去，故意很难为情地对巡视员说："抱歉，你才警告过我，我又犯错了，我真是错得离谱，你逮捕我吧！"

巡视员愣了一下，脸上还带着僵硬的笑，温和地对卡耐基说："谁都不愿意看到自己的狗可怜兮兮的模样，这我都知道。再说了你来得这么早公园也没什么人，所以你取下了狗的口罩。"卡耐基轻声回答道："话虽如此，我的确是违反了规定。"巡视员四下环视了一番说："这样吧！你让小狗跑到那片假山后面，我看不见这事儿也就算了。"

有句话说得好："有人的地方就有江湖，有江湖的地方就有纷争。"生活中，确实存在很多矛盾和困难，会遭遇许多不公平的事，会碰到一些令人无法忍受的人，还有这个"难"，那个"难"，真让人有点儿喘不过气来。诅咒、谩骂、生闷气都无济于事，倒给疲惫的身躯又增加了新的负担。每个人都有自己的思维、工作、学习、生活习惯，既有其长处，也有其短处。在社会生活中，人们总要同各种各样的人打交道。所以我们必须习惯于人际交往，善于同各种各样的人，特别是同能力、天赋等各方面不及自己或脾气与自己不同的人友好相处，协调共事。

在生活中，我们会遇到很多的麻烦事，有不少的事是因为我们自己太过固执而不肯退后造成的。往往当我们退一步的时候，就会看到更开阔的天空。当我们被一些事情蒙蔽，感到生气、焦躁或是不安的时候，不要急着往前冲，先退后两步，也许情况会大不相同。

以成全他人的快乐为快乐

> 一个真正有修养的人，看到身边的人好事将近，会乐意帮助他达成心愿；遇到恶劣的情形，会想办法去帮助他人排忧解难，将成全他人的快乐看作自己的快乐。

大家都听过“君子成人之美”这句话，很少有人知道其下一句是“不成人之恶”，语出《论语》。两句话合起来意思就是君子成全别人的好事，不成就别人的坏事。“成人之美”是想方设法地帮助别人实现他的美好愿望，成全他人的好事。

君子成人之美，君子是要成全他人的好事，不破坏别人的事，然而与君子相对，小人则会千方百计地阻挠别人的好事。一个真正有修养的人，看到身边的人好事将近，会乐意帮助他达成心愿；遇到恶劣的情形，会想办法去帮助他人排忧解难，将成全他人的快乐看作自己的快乐。

有这样一个故事，从前有个叫齐恒的人，饱读诗书却一向自命清高，不屑于和达官贵族往来，隐居于乡间，每天吟诗作画，十分自得。

一天，齐恒从乡间房舍里出来，顺着一条小路来到乡间，此时，正值春耕，几个庄稼汉正在插秧。齐恒顿觉有趣，走到跟前观看。看了一会儿，齐恒问老农说：“除了插秧种田，你还会别的营生吗？”

老农听罢，摇了摇头，说：“我祖祖辈辈都是庄稼人，没别的本事，就会干农活儿。不过，我种的葫芦能在集市上卖出最高价，就连官老爷也派人专门从我这儿买葫芦。自从葫芦的名气打出去，去年开始，我就把种葫芦的方法全都教给了乡里乡亲。卖葫芦挣的钱可以交纳赋税，这一年下来，大家的日子过得都不再紧巴巴的了。”

齐恒听后，不甚赞同，对老农说：“有这么好的事，你一人独自享福不就行了？何必将种葫芦的方法传授给众人？若是只有你一人知道其中的秘诀，一定会过得更加逍遥，不用大热天的还在田里干活，面朝黄土背朝天的。”

老农听了齐恒的话，当即没有作声，沉思了一会儿，说：“我种出了一个大葫芦，它的外壳坚硬得像石头一般，皮非常厚，以至于葫芦里面有没有空间、这个空间有多大，我也说不清楚，不如把这个大葫芦送给您。”

齐恒听了捻须一笑：“嫩葫芦可以吃，葫芦长老了，能用来盛东西。你说的这个葫芦不仅皮厚，还坚硬得不能剖开，而且也不清楚葫芦的用途。这既不能装物，也不能盛酒的怪葫芦，我要来做什么？”

老农哈哈笑道：“先生说得真是好，不过先生您隐居在此，空有一肚子学问和一身本领，却对这世间、对他人没有丝毫益处，跟我那个葫芦不是一样吗？”

多简单的道理，一个人即便有治世之才，一身惊天才能，如若不能惠及别人，也不过是精美的花瓶，只能做房间摆设，自己的生命不会有突出的意义。这大概就是齐恒做人失败的地方。

成全别人的快乐，自己从成全中获取快乐，道理看起来简单，但是真正实施起来就较为困难。因为，我们总是把自己的利益得失看得最重要，说到成全，谈何容易。故事中的齐恒只是想独善其身而已，而我们身边不乏把自己的快乐建立在别人痛苦上的人。有些人是无意，有些人却是恶意。比如工作中的竞争，有些同事为了个人业绩，偌大的项目从来是一人独挑，不愿与人合作，唯恐别人占了他的劳动成果；还有些同事，为了争得一两个客户，为了冲刺业绩，使出旁门左道的招数；为了个人业绩，没有人愿意在栽培新人上花时间，却总是乐意对新人呼来呵去……

这些行为，也许你无意中也有过。

追逐快乐不是自私的理由，更不是拒绝为别人提供方便的借口。成全，本身是一件欢乐的事，因为你的成全送出了自己的善意，成全了别人的快乐也是成全了自己的善良与价值。愿你我都能在生活中，参悟成全的真谛。

有爱人之心，处处都是善缘

在一切道德品质之中，善良的本性在世界上是最需要的。善良可以匡扶世间的正义，能够为人和社会带来无限福荫。

——周国平

“爱人者，人恒爱之。”拥有一颗爱人之心，才能为人所爱。“勿以善小而不为”，我们每个人、每个时机都要及时行善，一个人的善行才是无穷福报的泉眼。人要让随时随地的行善成为一种习惯。日行一善，尽管细小，但随着岁月不断累积，也是大大的德行。那些总感觉不到生活之美的人，那些寻寻觅觅找不到自己价值的人，往往是那些不懂得付出、空等回报的人。

一个人希望被别人喜欢、敬重，必须先学会关爱别人。你在空旷的山谷喊一声，一定会有回声出现，就像是空谷回音，做善事终会有所回报。你付出了关爱，别人也会加倍地关心我们、爱护我们，每一种付出最终都会有回报。

若是我们怀抱一颗善心给予别人关怀和温暖，自身也一定能体会到人间的真情。我们抱怨人情冷漠的时候，应该反省一下在指责别人的时候，自己是否付出了爱心。我们总是说感情是相互的，我们对别人好，别人也会对我们好。如果不主动付出关爱，去帮助别人，又怎能单方面要求别人善待我们呢？

基督教中有这样一个故事：一个男子坐在一堆金子上乞讨。

游历经过的耶稣心中纳闷，便走了过去，问这个乞丐："你已经拥有了这么多的金子，你还要乞求什么？"

男子听完，长叹了一口气说："唉！我有数不清的金子，可是我仍然感觉不到幸福，每日过得空洞乏味，所以我在这里乞求爱情、荣誉和成功。"耶稣见他实在可怜，决定满足他的心愿，给了他梦寐以求的爱情、荣誉和成功，并劝他珍重自己，不要再沿街乞讨了。然而半年之后，耶稣又从这里经过，那男子依旧坐在一堆黄金上，向路人伸着双手，乞讨着什么，耶稣厌恶贪得无厌的人，对这个男子十分不满，"你已经拥有了你所希冀的，还有什么不满足？""老人家，您赐予我爱情、荣誉和成功，说来我已经比别人拥有太多，但是我仍然找不到我之于他人的价值，找不到生命的意义。老人家，请你发发善心，把这两样东西赐给我吧！"男子跪求道。耶稣笑道："说到这两样东西却是容易得很，只要你从现在开始放弃乞求，学着付出，很快就能找到价值所在了。"又过了半年，耶稣经过此处，只见这男子站在路边，他身边的钱袋子已经瘪了，他正把钱施舍给路人。他把钱给了衣衫褴褛的穷人，把荣誉和成功给了奋斗不息的人。现在，除了爱，他几乎一无所有了。但是，这个曾经满脸哀怨的"乞丐"，看着接受帮助的人满含感激而去，会心地笑了。"现在，你感到生命的意义和自己的价值了吧？"耶稣问。

"是的"；男子笑着说，"原来，我的价值和生命的意义就在我的付出。当我不停乞求时，想得到这个，又想得到那个，永不知足。可是当我付出时，我感受到自己人格日臻完善，我的生活因为对他人有所帮助而充实，我为人们对我的感激而自豪、满足。"

这个富裕的乞丐，曾经因为一味索求，静等收益让金子变得分文不值，后来因为主动付出，使得一贫如洗的自己找到心灵上的富足，不仅帮助了穷困的人，也为自己赢得了别人的赞美。一个善行会带来一系列的延展，在众人的心中延伸，不管是施行善行的人还是接受善行的人，都会受到爱与快乐的涤荡。

在生活中，付出可以融洽我们的人际关系，使人际关系和谐。周国平说："在一切道德品质之中，善良的本性在世界上是最需要的。善良可以匡扶世间的正义，能够为人和社会带来无限福荫。"对他人施以善、赐予福，不是为了求得什么回报，而是让自己的心在瞬间获得愉悦而坦然，获得心灵上的慰藉。

多付出关爱，不吝啬自己的善心

善良存在于为人处世的每一个细节中，它可能如烟花一样璀璨，也可能像清风一样平淡。只要你的行为源于最单纯的善的愿望，那么它就是一道最美丽的风景。

“慈善”现在是我们十分熟悉的一个词。不论是富商大贾、文艺明星还是体育界名流，都愿意在大大小小各种名目的慈善晚宴上参与一下。然而向社会提供帮助不仅仅是富人的责任，无论贫穷还是富有，只要你能够向别人提供帮助，就一定不要吝啬自己的善心。

我们平日帮助他人必须因时因地，用适当的方法来帮助对方。我们常说“助人为乐”，助人是一种无私的举动，在帮助别人的同时，我们自己也能收获快乐。但是真正的“助人之乐”，应该是带给别人快乐。倘若行善仅仅是为了表现自己的善心，而不顾及他人的感受，那还不如不做。

犹太圣经《塔木德》中这样记载：“有钱是好事，但是知道如何使用更好。”犹太人认为，提供帮助是“富人的责任”，获得帮助是“穷人的权利”这是他们普遍存在的想法。犹太人在长期流亡的艰苦岁月中，犹太富人往往自觉地替穷人掏腰包，接济贫穷在犹太人中成为一种社会习惯。哪怕是家无三餐的穷苦犹太人，也都保存着一个攒钱的小盒子，准备施舍给比他们更穷的人家。这些传统激励着犹太富人总是热衷于捐助公益事业。

石油大亨洛克菲勒成为当时世界首富的时候，设立了以他名字命名的基金会。众人劝他把这些钱留给自己的子孙后代，洛克菲勒回答："这些钱是从大众那里来的，因此也应该回到大众那里去，到它们应该发挥作用的地方去。"洛克菲勒基金会帮助了成千上万的衣不蔽体、食不果腹的孩子，让他们可以吃上饭，到学校接受教育，将来成为对社会有用的人。洛克菲勒的基金会先后投资达数亿美元，是世界上最大的慈善机构。

后来，比尔 · 盖茨也捐出家产参与洛克菲勒的基金会。可是我们要说，一个进城打工的农民，在汶川发生地震后捐款100元，和洛克菲勒、比尔 · 盖茨的善举相比，同样珍贵。再平凡再普通的人只要有一颗爱心，一样能做出让所有人感动的善行。

"善良存在于为人处世的每一个细节中，它可能如烟花一样璀璨，也可能像清风一样平淡。只要你的行为源于最单纯的善的愿望，那么它就是一道最美丽的风景。"

即便是在美国，慈善事业的捐款大部分也都是来自平民。并不是那些世界级的富翁们都是吝啬鬼，而是富翁们毕竟是极少的一部分人，关注慈善的更多的还是普通人。即便是比尔 · 盖茨捐出了数百亿美元，在普通人积少成多的巨额捐款面前也就显得不是那么举足轻重了。慈善从来不是有钱人的消遣，当天灾人祸降临在一部分人的身上时，献出自己的一份爱心就是一种善良的品性。即使你没有财富，没有盛名，但是你却能拥有快慰。

我们在生活中并不需要时时面对灾祸，也没有那么多大是大非，一句朴素的话语、一个鼓励的眼神，都可能包含着你对善良的恪守。不要小看这些小细节，我们的品格就蕴含在这些简单的行为之中。

向别人提供帮助，就必须有足够的诚意，真诚会让你愿意付出对他人更多的关爱，让对方在接受帮助时，生出一种发自内心的愉悦。不要吝啬自己的善心，我们的一生，取得什么样的成就也许并不重要，重要的是我们能否最大化我们的人生价值，多多付出关爱，就是善待生命的最佳方式。

为他人点灯，也照亮自己

> 帮助他人不仅仅是单纯地施舍和给予，对于帮助者来说，雪中送炭不仅能温暖他人的生活，还能让他人的心灵得到慰藉，让他人心中充满爱与温暖。

在我们的生活中，不管遇到什么事情，每个人都有自己的私心。自私是人类的一种天性，但是这并不是无药可救的缺陷。我们知道，仁爱是应对自私的最好办法，如果我们以一个不计得失、善良宽容的心灵去面对他人，并对身边人进行力所能及的帮助。这样，我们不仅为他人的生活点亮了一盏灯，也温暖了我们自己的心灵。

然而，我们也经常会遇到这样的情况，有人不顾他人和社会的利益，一味地满足自己的需求，完全不顾他人的死活。这些人利用手中的权力和身份去压制他人，以满足自己的私欲，又心安理得地去享受。其实，私欲是潜藏在人们心灵深处的一种本能欲望，它能在不知不觉中控制人们的行为和态度。人们要想抑制这种自私，就需要心怀善良，愿意去帮助他人。

帮助他人不仅仅是单纯地施舍和给予，对于帮助者来说，雪中送炭不仅能温暖他人的生活，还能让他人的心灵得到慰藉，让他人心中充满爱与温暖。而对于帮助他人的人来说，这种帮助能升华他人的心灵，让他人的内心变得充盈和富足。

有一个年轻人，他的妻子去世了。为了让亡妻的灵魂得到慰藉，他邀请了一位禅师来到家中为亡妻超度。

禅师超度亡灵之后，青年将禅师领到密室中，对禅师说道："大师，我太太十分柔弱，我害怕她在阴间受到其他亡灵的欺负，想请求你最近一段时间不要为其他亡灵超度，只超度我太太一个人，这样我才能觉得安心。"

禅师觉得这位青年人只想着自己，完全不顾他人的感受，对年轻人十分不满意。但是禅师仍然开导他说："与人为善是做人的基本。不管什么事情都需要分享，这样才能得到真正的幸福，如果人人都像你这么想，那其他人的生活也会受到影响。我们不能因为一己之私而影响其他人的生活。如果我们能让其他人获得安宁，这样的善事何乐而不为呢？"

青年觉得禅师说得很对，就收回了自己刚才的要求。他对禅师说："我还有一件事情想求您，我的邻居是一个大恶人，他平时欺负乡里，还常常欺压我，他最近身体不好，你能不能做法，让他承受更大的痛苦。"

禅师听了，非常严厉地说："你如果不愿意做善事，但是也不要因为私欲去害人，每个人都有自己的业果，我们不能左右。年轻人，你要记住，为他人点灯，也能照亮自己。心怀慈悲，收获最大的是你自己。"

其实，每个人都会有私心，但是每个人心中也有善念。我们应该知道：自己对别人的态度，就是别人对自己的态度。如果我们因为自私而不对别人行善，那别人的善心也不会与我们分享，有时候，在为别人点亮一盏灯的同时，也照亮了自己眼前的路。

人与人之间少不了交往，我们也总有需要别人帮忙的时候。所以，不要吝啬分享你的东西，有时只是一杯水，都可以让你结交一个朋友。我们面对他人的时候要用宽容的胸怀去温暖身边的每一个人，同时这也会滋润自己的心灵。

宽畅内心，理解别人的苦衷

倘若理解了他人的苦衷，在为人处世、待人接物时，就不会对他人要求过于苛刻，也就能很自然地宽容、谅解别人的缺点和过失。

《论语 · 学而》有一句耳熟能详的话，叫作“不患人之不己知，患不知人也。”这句话，我们很多人都能在各种渠道听到，可是，谁又真正理解话中的深意呢？这句话意思十分简明：不要担心别人不了解自己，而应当担心自己不了解别人。事实却是我们唯恐自己的心意不被他人知晓，唯恐自己的付出不被他人知晓，何尝注意过他人的心意与付出呢？

一个人不要怕人家不了解自己，应当怕自己不了解别人。我们时常恨天下无知音，恨自己不被人理解，“知音少，弦断有谁听”总是被现代人无数次地引用。其实，这样的想法在本质上是傲慢的体现。我们总是觉得自己了不起，被忽视的却是他人的存在。

在生活中，我们总是这样：做错一件事时，刚刚意识到自己犯错误时，会因为愧疚而脸红，而自责，接下来的反应就是寻找成百上千个借口和理由为自己开脱。恨不得立马得到天下人的谅解。若是别人犯错自己是否能理解他，从未考量过。

樊迟问孔子什么是“知”（通“智”），孔子说：“知人。”老子说过“知人者智，自知者明”，可见，君子的修养在于“人不知而不愠”，“知人”是君子修行的大智。真正有道德的君子，心怀善念的君子不会因为别人不了解自己而恼怒不已，相反，而是会竭尽全力地去体谅他人。君子“知人”不是用什么读心术来破解谎言，而是方便体察他人所需，透过他人的视角考虑问题，与人和谐共处，保持融洽和温暖。

倘若理解了他人的苦衷，那么在为人处世、待人接物时，就不会对他人要求过于苛刻，也就能很自然地宽容、谅解别人的缺点和过失。特别是在小事上，如果宽大为怀，尽量表现得“糊涂”一些，便能减少人与人之间的纠纷与怨恨。可见，“知人”并不仅仅关乎人情世故，它同时也能成为“仁”的基础。

要做到“知人”并不容易，因为一个人最大的毛病，莫过于“只知有己，不知有人”。关怀自己的时候多，关怀他人的时候少，这本是人之常情，但若能多花点精力在理解别人上，首先，从言谈举止等日常生活中的小处开始，试着设身处地为别人着想；其次，花点心思了解别人，在别人生气恼怒时，多一点儿理解和宽容；最后，多为别人做点什么，而不是苛责别人为自己做什么，多花一些时间体谅别人的苦衷，逐渐去体会人际关系的融洽所带来的愉悦感受。

在发生争执要批评他人时，你可以采用下面这个“转念作业清单”：

1．对方让你生气、不高兴、失望或是看不惯，他有哪些地方是你不喜欢的？

2．你希望对方怎么做？

3．对方应该或是不应该怎么做？

4．对方怎么做你才会快乐？

5．对方在你心中是个什么样的人？

6．你再也不想跟对方一起经历什么事情？

写下了这些缘由，你就完成了转念作业的第一步。记住，一定要清楚地写在纸上，用头脑思考来做转念作业，探究别人的心意，不要被自己一时的得失之心耍得团团转。唯有把事情的来龙去脉清楚地写在纸上，你才会清楚地看到那些一直跟你纠缠不休的东西。

我们在社会上无论何时都不可能孤立地活着，周围那些与自己共同学习、工作和生活的人，就像是空气和水，是我们生活的必需品。为了学习能够顺利、事业获得成功、生活的幸福，人们都愿意建立良好的人际关系。

生活中，我们需要凭借自身的宽大心胸，来容纳别人。站在别人的角度看看这个世界，就会发现，万事万物不是只有一面，而是有很多面，甚至还会有对立面。要肯花时间去理解别人的心意和苦衷，这样，相处起来才不会觉得有层层隔膜，才不会觉得难以亲近。

因此，拥有一颗宽恕仁爱的心，你快乐，我也快乐！

第四章　心和：开启内心的暖能量，消受沉静之美

心和是不抱怨、不纠结、不势利、不争执。生活中纠纷越来越小，烦恼越来越少，人们的心灵才能在和气中得到放松。在工作中、生活中、人际中，保持和气的处世方式，冷静处事，和他人和谐处事，与自己和平相处。具有强大心理的人，在沉默与冷静中，自成一份人性成熟的美丽。心里不纠结，才能领会到爱的真谛。

俯下身去，在和气中行事

高调和张扬是锋芒，他时时刺痛着他人的心。在与人相处的时候，我们要懂得谦和地处理人际关系，在和气中行事。一个人能够低下头，说明他敢于放下，勇于承受，这种人有着强大的心理优势。

我们生存在这个世界上，与人打交道是每日必做的事。在与人交往的过程中，总会遇到一些态度张扬跋扈，说话尖锐刻薄的人。他们会假模假样地用骄傲提升自己的声势，用扬扬得意的姿态表明自己的优越性。其实，这类人高调地赞赏自己，只是想证明自己占有别人没有的心理优势，他们在心理上认为自己比别人强。然而，做事高调就能真正地让别人信服吗？态度张扬真的会受到他人的欢迎吗？

其实不然，在与人交往中，如果我们对人大呼小叫，别人也会对我们的这种行为产生抵触心理。因为不服气而产生逆反，因为受压制而产生抗争，这样两个人之间的矛盾会越来越尖锐，最后关系越来越僵。就像一个心理学家所说："高调和张扬是一根锋芒，它时时刺痛着他人的心。"

在社会上行走，我们都想自己所处的环境一团和气，与人沟通的时候明白顺畅，这样的交流也会让我们心情畅快。那么，怎样营造一个和气的人际场呢？从心理上说，心理感知和认同别人的言行，并保持一定程度的低姿态，在和气中行事，别人也会温和地接受你。

假如让你走进一间站满陌生人的房间，想与他们认识、交往。但是这间屋子却有一扇很低的门，你要是不愿意低头而强行进去，就会撞到自己的脑袋。当你弯下腰，低下头，让这扇门比你高，你就能进入房间结交新的朋友。道理就这么简单，如果一个人态度高傲，对人冷漠，人们也不会愿意与之往来；一个人对人谦和，态度诚恳，围绕在他身边的朋友就会越来越多。

有一个年轻人，他很小的时候父亲就去世了，与母亲相依为命。母亲靠给别人洗衣做饭维持家里开支。然而，这个年轻人长大之后却十分不孝，经常打骂母亲，嫌弃母亲丑陋无知。邻居多次劝阻却没有任何效果。村里的一位老者听说了这件事情，就常去他家安慰受伤的母亲。年轻人不喜欢老者来家中说教，却又碍于老者在村中的威望并不敢强行赶走老者。但是年轻人常常想一些恶作剧来捉弄老者，老者每次都一笑了之。

一天，老者又来到年轻人家中，刚走到门口，年轻人挡住了老者的去路。他蛮横地对老者说："如果你想进入我家，请你从后墙的狗洞爬进去吧。"

老者微微一笑，转身走到后墙从狗洞爬了进去。

有人问老者："您德高望重却从狗洞爬进他的家中，不觉得生气吗？"

老者说："低头走路，能换来一团和气，这也是一桩幸事。"

这位年轻人听了老者的话，惭愧不已。后来，这个年轻人成为闻名乡里的孝子。

一位德高望重的老人，为了免除一场纠纷，自愿放下身段从狗洞进门。他的谦和受到了人们的尊敬。同样，在现实生活中，同事之间、夫妻之间，即使是陌生人之间都会遇到这样的争执和摩擦。在摩擦中，一个懂得低头做人的人，不会引来别人的嫉妒，也不会受到因为太抢眼受到他人的非议，这样的生活也会圆融、快乐。

人与人之间相处总会有摩擦和矛盾，这是谁也不能幸免的事情。我们在遇到问题的时候，如果一味地强硬行事，不但会恶化人们之间的关系，还会影响我们的情绪，让人的心理承受无谓的痛楚。如果我们能退一步，处理矛盾的时候能够低下身段，低调行事，时刻克制自己的优越感，那么，别人会很喜欢和你相处。

每个人的心理状态不同，想法也会不同。低姿态只是一种表象，它会让交往的两个人从心理上产生一种满足感，使彼此愿意往来。其次，这种表面的“弱”其实是内心强大的一种表现。一个人能够低下头，说明他敢于放下，勇于承受，这种人有着强大的心理优势。

就像故事中的那位老者，他爬狗洞进门，我们却并不认为他怕事或者没有骨气。相反，我们会觉得老人内心沉稳、成熟。他用他的低调和谦和感化了这位年轻人，也感动了其他人。所以，在与人相处的时候，低调一点，我们在内心就会轻松不少。

以德报怨，纠纷越化越小

心理学界称：人们交际过程中，之所以会出现纠纷，出问题的不是人们的能力，而是人们的心理。想要内心强过他人，就要学会用正面的能量来引导他人，而不是用负面情绪来干扰他人。这种正能量就是用包容之心化解纠纷，这样就能在感化他人的同时，还能和对方成为朋友。

在生活中，我们总会遇到一些矛盾。有些人为人处世比较强势，遇到争端会得理不饶人，一旦觉得自己有道理，就会理直气壮揪住别人的过失不放，甚至不依不饶。即使对方诚恳地道歉表示求和，他们依然不依不饶。面对这样的情况，即使对方愿意息事宁人，心中也会积聚很深的怨气。人心中的怨气多了，就想发泄出来，这样两个人之间的纠纷就会越来越深。

在很多的纠纷中，我们看到那些表面强势的人咄咄逼人，不给人留一点儿说话的余地。那么，这种人真的具有强大的心理优势才会这么理直气壮吗？心理学家称，一个心理弱小的人在面对纠纷的时候，往往会借助强硬的外壳来保护自己。表面看起来强硬的人，内心其实十分脆弱。有着强大内心的人，大多会有一颗宽容的人，他们懂得得理也让人，懂得以德报怨，不会因为自己占有优势就把对方逼到绝路。

李维在国内当了很多年法语老师，他不仅精通法语，还精通英语和日语。后来他终于实现了自己的理想去法国留学。因为高额的学费和生活费，他希望在一家进出口公司找到一份秘书工作。但绝大多数公司都回绝了他。还有一个人在写给李维的邮件上说：“你完全误解了我的生意，我根本不需要别人替我写信。你既蠢又笨，即使我需要，也不会请你，因为你甚至连法语也写不好，信里全是错字。”

当李维看到这封信的时候，简直气得发疯。那个法国人居然写信说他不懂法语是什么意思？他应该好好看看自己错误百出的邮件吧。李维当时就写了一封回信，气气那个盲目自大的法国人。后来，转念一想，他还是对自己说：“等一等，我怎么就断定他说的不是对的？也许我确实犯了很多错误，我自己却没有察觉。如果是那样的话，我必须反省自己，我想要得到一份工作，就必须继续努力学习。很可能，这个人帮了我一个大忙。我不应该激怒他，而是该写封信好好感谢他。”

于是李维撕掉那封信，另外写了一封信解释了自己对他生意的误会，也感谢了法国人的帮助与批评。李维没有被气恼冲昏头脑，而是更努力地去学习法语。三个月后，李维收到了来法国后的第一封工作邀请函。

现实生活中，我们也应学李维那种以德报怨的做法来缓解矛盾和纠纷。小区中住在对门的两家出现纠纷，你说我一句，我回你两句；陌生人走在街上，你撞我一下，我还你一脚；工作中两个竞争对手见面，我瞪你一眼，你骂我两声。这样的纠纷无处不在，也一直影响我们的情绪和心理状态。

心理学界称：人们交际过程中，之所以会出现纠纷，出问题的不是人们的能力，而是人们的心理。你打我一拳，我还你一脚。还击的这个人是强势的表现吗？其实不然，一个内心弱小的人往往用强硬来干扰他人的破坏或掩饰自己心理的无能。

有人说：“以德报德是正常现象；以怨报怨是平常现象；以怨报德是反常现象；以德报怨是超常现象。”这种说法看似随意，但也无意中点出了一个事实：为人处世，要做到“以德报怨”并不容易。除非内心真的有化解仇恨的力量，否则只会让心中不知不觉存积更多的怨。想要内心强过他人，要学会用正能量来引导他人，而不是用负面情绪来干扰他人。这种正能量就是用包容之心化解纠纷，这样就能在感化他人的同时，还能和对方成为朋友。

巧打圆场，让人缘越来越好

绝大部分人都会用情感、情绪、感知来掩饰人际关系中的纠纷。那些很难被人接受的外物，进入人的心理，就会激起人们的各种情绪，引起情绪的不稳定。面对纠纷和问题，我们可以针对问题本身做调解，缓和人际矛盾，让人们心平气和地接受事物本身。

这世上鲜有一帆风顺的事，与人之间的交流中，难免会出现一些人际隔阂和阻碍。面对这些隔阂，说话直爽的人，会一针见血地指出事情的问题和弊端。这种方法简便易行，但是在有些情况下，这种直爽会无意间伤害对方的心理，让对方觉得不舒服。为了消除这种交际阻碍，就需要有一个人出来圆场，或是用超乎常人的口才，或是用自己的机智幽默，缓解尴尬的气氛，轻松化解矛盾。

比如，我们在与人沟通交流的过程中，因为意见不合或者想法相左，两个人谈话陷入僵局，谁也不愿意给对方一个台阶下，这时就需要有人打圆场来平息事端。打圆场可以融洽交际场合的气氛，联络人们之间的感情，消除彼此之间的误会，让问题和矛盾更容易解决。

著名诗人严阵一次去美国访问，陪同的是一个青年女作家。白天的访问工作十分顺利，严阵和这位女作家都十分高兴。一天傍晚，严阵和女作家在广场散步，有两位美国老人看到有中国人来散步，就过来与他们攀谈起来。四个人坐在一起谈得很投机，其中一位老人为了表示对中国的喜欢，他热烈地拥抱了严阵身边的女作家，并亲吻了她。

这位年青的女作家对这一习俗十分不习惯。她觉得十分别扭，并对这种交际方式不太开心。老人看到女作家的神情，也觉得自己冒犯了女作家，一时手足无措。这时，严阵打圆场说："啊，尊敬的先生，您刚才吻的不是这位女士，而是中国。是吧？"

美国老人很快转过弯来，笑着对这位女士说："对啊，我吻的既是这位女士，也是中国。"一场尴尬很快在笑声中过去。

严阵的一句话既消除了两个人之间的尴尬，又让两个人对他感激不尽。其实，人们之间会出现尴尬、冲突、误会，都是由人们的心理引起的，一方的意见另一方不同意，心理上不能产生共鸣，就会让事情陷入僵局。打圆场是寻找一个折中的方法，让两人从心理上接受这一事实，从而缓和矛盾。

我们在生活中，不论是家庭问题、工作上交流问题、还是交际场合上的沟通问题，遇到尴尬和冲突都可以用打圆场融洽双方之间的关系。那么，我们在打圆场的时候，应该注意哪些情况呢？

如果争论的双方彼此都对对方的意见不完全否定，有时候观点越来越近，但是双方又都不愿意服输。那么，我们打圆场的时候应该考虑双方的自尊，将彼此的意见简单总结，将双方的缺点也归纳出来，作出公正的评判，然后提出一个双方都能接受的建议。

还会有一些严重的争论，双方大动干戈相持不下，矛盾十分尖锐的情况。我们在打圆场的时候可以将一方支开，等两人头脑冷静了再解决问题。

我们在处理这些问题的时候，要从彼此的心理出发，看对方从心理上需求什么，找到合适的解决方案。要拥有好的人脉关系，需要从心理角度出发，揣摩双方的意图。打圆场的人需要将话说得两方都舒服，站在公平公义的角度上得到好人缘。

原谅别人就是解脱自己

人们往往把宽广的胸怀比作大海，能广纳百川之细流，大海从来没有把暴雨拒之门外。而宽容就像大海一样，包孕着巨大的能量。原谅别人的过失，就是为自己开启了巨大的能量源，并且循环再生，终身适用。

在我们的生活中，经常会遇到一些争吵和矛盾，有人说话直接，不顾及颜面，让我们在大众面前丢脸；有人脾气暴躁，动不动就对我们大呼小叫。这些多多少少会影响我们的人际交往甚至身心健康。面对这样的纠纷，我们需要怀着宽容的心去面对。原谅别人的过失，也给自己留有余地。

面对别人对自己犯下的错，只有通过宽恕，我们才能将那些不快乐的过往化解。事实上，我们许多人都不曾想过要去宽恕，也不知道怎么去宽恕别人，更不知道我们的痛苦可以通过宽恕化解掉。其实，宽恕是人生中最重要的一堂课。“人非圣贤孰能无过”宽恕就是给别人机会，给自己机会，“化干戈为玉帛”是世界上最美好的事之一。

一个人若能对别人的过失宽容谦让，在生活中养成将心比心、推己及人的做事习惯，这样的人，肯定是受人尊敬和欢迎的。在一些小心眼的人看来，别人就是别人，我就是我，我们非亲非故没有任何关系。却不知道，宽以待人已是善待自己，正如一句话所说：“原谅别人，才能释放自己。”借着宽恕，你释放了心牢里的犯人，而那个犯人，可能就是你自己。一旦你能舍得过去的一切，是福也好，是祸也好，让它们如烟消云散般飘逝，原谅一切，你的观念将会为你打开新局面。

一位画家在步行街兜售自己的画作，并为游人画肖像。不远处，走来一个打扮时髦的丽人，她在画家的作品前流连忘返，并且选中了一幅，画家却匆匆地用一块布把它遮盖住，并声称这幅画不卖。因为几年前在一次画展上，画家曾邂逅过这个女子，她口若悬河地批评画家的作品，被拐角处的画家听到了，画家记住了这个女人，女人却不知道画家的样子。

女人也是爱画的人，真心喜欢画家的那幅作品，最后，她请来朋友，表示愿意出高价购买那幅画。可是，画家宁愿把这幅画挂在自己画室的墙上，也不愿意出售。他阴沉着脸坐在画前，自言自语地说：“这就是我的报复。”

画家喜欢画夕阳，每天黄昏的时候，画家都要画一幅。可是现在，他觉得这些夕阳与他以前画的日渐相异，再也没有那份圆融和美好。

这使他苦恼不已，他不停地找原因。一天黄昏，他惊恐地丢下手中的画，跳了起来：他刚画好的夕阳竟然全是冰冷的色调，透着疏离和愤懑。他把画撕碎，心中十分苦闷：这份报复却回报到我的头上来了！”

可见，当我们无法忘记心中的怨恨，总是想着去报复时，也许最终自己所受的伤害会远远超过对方。当你被痛苦折磨得筋疲力尽时，不妨学着宽恕，忘记怨恨，沉浸在痛苦的回忆中是徒劳的。

很多人都知道，不少疾病都是因为你不能宽恕别人，心中郁结才造成的，如果即使是为了自己拥有健康的身体，我们也应该赶快打开心结。有些人虽然知道谅解他人的意义，由于内心的仇恨太过强大，他们一时之间做不到原谅和宽恕。解铃还须系铃人，为了自己的健康，宽慰自己、宽恕他。你认为最难宽恕的人往往是你最需要宽恕的人，只要你愿意去宽恕，在心中准备好了宽恕，宇宙的力量自然会教你如何去宽恕他。

人们往往把宽广的胸怀比作大海，能广纳百川之细流，大海从来没有把暴雨拒之门外。而宽容就像大海一样，包孕着巨大的能量。原谅别人的过失，就是为自己开启了巨大的能量源，并且循环再生，终身适用。

不吝赞美，悦人也能悦己

能往幸福及完美之境最近、最稳妥的捷径一定是：为自己定下一条原则，在每件事上感谢和赞美上苍。若你为发生在你身上的不幸之事，感谢并赞美上苍，你便将它变为上天的祝福……

在听到别人的夸赞时你是否心花怒放？答案不言而喻。无论男人还是女人，都希望得到他人的赞美，这是人的一种本性。在社交场合，无论对男人，还是对女人，有效的赞美非常重要，既取悦别人，又能方便自己让彼此的沟通事半功倍。

不妨让我们回想一下，上一回听到别人赞美你时的感受：也许是你整理办公纸后同事的感谢，大家上班后对你说“好样的”；也许是员工会议上发表言论时，经理认同地点头表示支持你的观点；也许是与客户洽谈时，搭档轻拍你的肩膀，向你表示“干得不错”；也许是朋友赞美你新换的发型，新置办的行头……也许只是几个字的夸赞，都会让你嘴角上扬，心情飞扬，这种感觉不是很好吗？

商场里业绩最好的导购都是赞美别人的能手，因为他们往往能够看出你在什么时间、需要什么样的赞美。女人在服装店试穿一件衣服，还在那里犹豫着不知道买不买时，导购在旁边一直夸赞：“这件衣服你穿起来非常合身，既能提亮你的肤色，又简洁大方！简直就是为你准备的！”哪个女人不希望别人说自己漂亮呢？导购那么一捧，女顾客就会满心喜欢，不再那么犹豫，很可能爽快地买下这件衣服。

这就是生活中对女性很好的捧赞素材。我们可以学习导购那样，通过夸奖女人衣着漂亮得体而对其本人加以捧赞，既贴近生活，又非常奏效。

虽然赞美别人只是简单的一句话或是一个动作，可是有时我们还是觉得难于上青天，原因很清楚，当看到别人的优秀时，自卑感就会从心里冒出来，然后越来越强，逐渐扭曲了心灵，与嫉妒互相纠结。自卑感导致了嫉妒心的产生，而嫉妒心的逐渐扩张，又反作用于自卑。我们并不是恨对方比自己优秀，而是恨自己为何低人一等，无法理解为何自己如此卑微。然后用自身的这种肆虐的卑微感，去陪衬对方的耀眼，嫉妒之火似乎总有燎原的势头。

这种自卑、嫉妒并没有给我们带来哪怕一丝一毫的快乐，相反，将我们的心束缚得更紧，更死。那么我们何苦用自己的短处去丈量别人的长处？何苦主动碰壁？那些成功的人，没有闲暇的时间去嫉妒别人，他们把精力集中在自己的事业上，一心一意地创造奇迹。只有一事无成的人，才会总是对别人的学识、穿衣戴帽、行为举止过多地关注，一旦发现与旁人的差异，就大惊小怪地议论纷纷。

那为何不敞开心扉，欣赏别人的耀眼？赞美表面上看起来取悦的是别人，何尝不是件取悦自己的赏心乐事？戴尔 · 卡耐基说过这样的话：“当我们想改变别人时，为什么不用赞美来代替责备呢？”那么，当我们想改变自己的心境时，为什么不用赞美来代替酸葡萄心理呢？

如果你不愿意直言赞美，或是觉得有些奉承，假借别人之口来赞美一个人就是不错的选择。借别人之口来赞美他人可以避免直接恭维对方而导致的吹捧之嫌，同时可以让对方感觉到他所拥有的赞美者为数众多，从而心里获得极大的满足。

在生活中借用他人，尤其是地位、名望比较高的人的言论来赞美对方，往往最具说服力，对方也会感到骄傲与自豪的。如果没有权威人士的言论可以借用，借用他人的言论也会收到不错的效果。

女人在生活中也要培养随时捧赞男人的习惯。就像鱼儿离不开水一样，男人往往离不开面子。那么，日常生活中你不妨从这个角度入手，练习如何给足男人面子。例如，你的老公邀请亲戚好友来家里吃饭时，你不妨说："我老公经常自创新菜，有空大家多来试吃！"适当时在别人面前夸一下，他会觉得很有面子，辛苦些也就心甘情愿了。

所谓"日日耕耘才会有收获"，赞美他人也是如此。所以，不妨多夸赞别人几句，养成好习惯，往往可以让你的社交如鱼得水。倘若你不擅言辞，那么一个温暖有力的握手，一个充满感谢的眼神；四目相对时一个肯定的点头，擦肩而过时轻拍他的肩膀……对你而言，这只是举手之劳，对接受赞美的人，有时可受用终日，有时可受用终生。

内心不纠结，领悟博爱的真谛

爱上这个世界让你快乐无穷，因为世界有许多面，到处都有不同的景象……各种差异都应被珍视，只因它们开拓了人生的视野。

先哲说："让仁爱心就像玫瑰花一样散发芬芳。当关爱的思想治愈疾病，为创伤止痛的时候，当那些与此相反的心态带来痛苦，郁闷和孤独的时候，我们就真正领悟到了博爱的真谛。"想要过得平和、幸福，我们每个人都应该学会敞开心扉爱一切人，爱这个世界。

你一定会问：爱一切人，是一种什么样的爱，又该如何去爱？这种爱是不计较回报的，像金子般珍贵。在别人需要的时候，给别人一点希望；在别人有敌意的时候，给别人一些善意；当别人无意冒犯的时候，给别人一些宽恕……这些都是一个人的博爱。

美国作家欧·亨利在他的小说《最后一片叶子》里讲了一个博爱的故事：穷困的画家苏和琼西的画室设在一所又宽又矮的三层砖楼的顶楼上。琼西染上了肺炎，躺在一张铁床上，整日一动也不动，凝望着玻璃窗外对面砖房的空墙。琼西凝望的，其实是窗外的长春藤的叶子。叶子在秋风中一片片地掉落下来，琼西在等待最后一片叶子掉下来，摆脱一切，像一片可怜的疲倦了的叶子那样飘下去，结束自己的生命。

琼西的邻居是一个脾气暴躁的老头子贝尔曼，他是一个很有名的画家，但是脾气十分暴躁，对人也很傲慢。贝尔曼年纪大了，患上了一种绝症。他变得更加固执，对邻居不时的关心不屑一顾。一次老画家贝尔曼在外面散步，听说了琼西的故事，他决定用彩笔画一片叶脉青翠的树叶，并且冒着生命危险在一个风雨之夜，将这片叶子画在了墙上。贝尔曼也感染了肺炎，但是为了帮助失去求生意志的琼西，还是冒雨在最后一片叶子掉落的夜晚，在墙上画上了一片叶子。最后一片“叶子”始终没掉下来。也是生命中的这片绿，使得琼西看到了生命的力量，活了下来。

一个火气十足的老头子，平时虽然看不起别人的温情，也不吝惜对他人的照拂，将自己的爱奉献出去，这种仁爱之心是一种多么伟大的情感。生活赐予我们的，不见得都是我们乐意接受的东西，更不见得是我们一直希冀的东西。怀抱一颗仁爱之心，用诗意与美的心灵，就一定能够发现美，创造美。

美的神奇力量来自自己的心灵。只有你拥有一颗美丽的心灵，那么无论你的人生遭遇什么样的情况，你都能够感受到来自内心的能量，并让它焕发光彩。而博爱的最难之处就在于如何拥抱生活中的不完美，甚至如何用博爱去化解敌意。有些人一辈子都少有恼怒，有些人一辈子都保持着心境平和的状态，他们的生活很轻松、快乐、美好和幸福甜蜜。这是因为他们爱天下的人，所以天下的人也爱他们。

博爱是宽容和理解的源起，能结束仇恨和愤怒。我们要时刻在心中给自己这样的暗示：对那些侮辱过我的人，伤害过我的人，不理解我的人，我都试图用一颗宽大的心去爱他们。如果你穿上新买的鞋子，却在路上被一颗尖锐的石子搞得摔了一跤，不要对自己的不小心感到愤怒，也不要在心中责骂那个极力说服你买这双鞋子的导购。而是平心静气地把石头移开，擦掉鞋子上的尘土。这样做不是别人的要求，而是因为关爱那些可能被尖石划伤脚的路人。

博爱是尊敬的开始，它还能终结嫉妒心。在我们的生活中，若论到人际交往时的障碍心理，嫉妒排第二的话，就没有什么敢排第一了。若以嫉妒的眼光来说，别人的成功，反而是自己愤怒的导火索，搅得自己内心得不到任何的宁静。别人的房子比你的大、汽车比你的高档、衣着比你光鲜……嫉妒是愤怒不安的无底洞，博爱却能教会你用一颗平和的心静静地欣赏这一切，而不是满怀嫉妒和眼红。博爱会让你懂得尊敬他人的成功与优秀，同样地，只有在尊敬中才会有爱。

博爱是自由和专注的发端，引领你去体察、去倾听。不必计较和朋友、同学比起来谁是精英，不必计较和儿时的玩伴比起来谁更出类拔萃。任何形式的比较都能生发出矛盾或是冲突。只有真正热爱你从事的工作，真正热爱唱歌、画画、写诗，不为赢得别人的认可，只因为你爱做这些事，你将会欣喜地发现不用争个一二三四，你就能收获喜悦。因为你的内心没有压力和挣扎，自由和专注的爱将心填得满满的。

现在的纠结、犹疑，是因为你的心灵没有体会过博爱带来的安宁与富足。当博爱战胜心理负能量，赶走痛苦、郁闷和孤独的时候，请记住这份美妙的感受，让博爱在心中开出美丽的花，这花儿吐露的芬芳会给你战胜困扰与疾病的能量。

享受当下你能感知的美好

生活应该永远都是美好的，只是生活当中的一些情境让我们失望、痛苦。为什么生活是美好的？因为它就是“如是”，如实地存在着，不会因为你的评判、论断而有所改变。

在生活中，很多人抱怨自己的过得不如意，有人抱怨工作实现不了自己的价值，有人抱怨自己的薪水不高，有人抱怨老公没有上进心。这些抱怨和责怪时刻影响着我们的生活，影响着我们的心理状态。生活中总会经历一些不如意的事情，也会经历一些美好的事情，将目光专注于美好的一面，生活自然愈加生动。当体验到生活中美好的东西时，自然就能找回一切快乐的心情。

有一个心理学家曾经讲过这样一个故事：在一次旅行途中，我才意识到，其实我的生活并不快乐。我不快乐的原因一方面是工作不顺利，我的老板对我要求严格，压得我喘不过气；我的朋友不理解我让我觉得痛苦；我的亲人对我有各种要求，让我的生活没有一点儿自由。但是在旅行途中，和一位老者在海边的交谈让我顿感汗颜。他说：“你将你的不快乐归咎于你周围所有的人，你有没有试过从自己身上找找原因呢？和你交谈了不到半个小时，我就能感受到你的压抑和焦躁，更不用说你身边的朋友们了。”

这句话对我触动很大，我一个人在旅馆的窗前静静坐了两个小时，开始认真反省自己的生活方式，决定努力生活，使自己快乐起来。

我学着观察并感受每天发生在周围的一切，将自己的思维放在积极和快乐的事情上，不能解决的烦恼，暂时搁置在一旁，不再钻牛角尖。看欢乐的电影，体会影片中演绎的平凡生活，了解别人看待生活的角度。

朋友们很快觉察到了我的转变，他们觉得从前的我内心充满了烦恼和困扰，现在心理变得明朗起来。的确，在过去的许多年，我从未发现过我关注的总是那些令人沮丧和消沉的事情，自己变得歇斯底里，让人无法忍受。所幸的是，旅途中的老者点醒了我，让我学会将那些糟糕的东西扔进垃圾筒，放手体验到生活中一直存在的美好的东西。

心理学家后来说："即使再不幸的人，也不会一直遭遇坏的情况；即使是天生的幸运儿也不会包揽一切好的境遇。"人的心境之所以会有天壤之别，不是外物决定的，恰恰在于人的内心。尽情地享受你能感知的美好，生活自然而然就生动起来了。

我们的人生是一个动态的过程，很多时候，我们忽略身边正在发生的美好，是因为我们总是执着于最终的结果，把目的看得太重，最终错失了美妙的人生旅程，也从来不曾享受过人生。

也有很多人明明知道自己功利心太强，太过在意别人的想法，却苦于无法开解自己。这时，我们不妨想象自己坐着火车，行进在一次的漫长的旅程中。吸吮着饮料，透过车窗，能看到近处高速公路上奔驰的车辆，路边目光追随火车前进的孩子，田野中一望无际的庄稼，小山坡吃草的牛群，村落中升起的袅袅炊烟，城市接连成片的楼群……很多时候我们不会有这份平和，大多数人会烦躁不安，会被这规律的轰隆声搞得不胜其烦，诅咒着难捱的分分秒秒，对车窗外的美景视而不见。因为在我们心目中，目的地才是最最重要的。

"如果我现在就能到站，那该多好！"同理，"如果我能考上理想的大学，那该多好！""如果我的职位再升一级……""如果我的病一下子就痊愈……""如果我的孩子再出色一些……"我们总是在盼望着一下子实现目标，紧盯着这个目标，可是终有一天我们全明白，生活中根本不存在终点站，从来没有必须到达的地方。生活真正的乐趣就是旅行，就是旅途中的乐趣。车站就像是一道远远的地平线，永远可望而不可即，把我们远远地抛在后面。

每个人都有自己的娱乐方式，只要不干扰别人的生活，他人喜不喜欢我没有关系。他人的评价和我也没有关系。珍爱生命中的每一天，拒绝和抛弃那些不必要的精神压力和束缚。有人说："幸福与否不在于目的的达到，而在于追求的本身及其过程。"珍惜现在，珍惜眼前，尽可能地享受当下的美好时光吧！

掌握火候，让人际恰到好处

> 能够掌控做事、说话的方式，对人对事冷静应对，不为环境和他人操纵。不要太过于张扬自己的个性，也不要太过于掩饰自己。能将人际做到恰到好处，是一个人掌握人际关系的起点。

人际交往中，由于人们之间年龄不同、场合差异、交往深浅程度不同，我们与人们之间的交际尺寸也会不同。如果我们第一次见面就熟络成熟人，与人无话不谈，别人的隐私什么都问，别人就会对我们产生抵触心理。如果与男人聊天却聊一些闺蜜之间的私事，别人会觉得我们靠不住；如果见到长辈还开玩笑，不注意仪表姿态，别人会觉得我们没有教养。所以，我们在与人来往时，要注意分寸，掌握火候，才能让人际恰到好处。

心理学家将人际中的失态归纳成自我放纵。一个人自我感知太强，就会将自我放在第一位，他们不在意他人的感受，不在乎他人的意愿，甚至会把自己的感受和想法强加到别人身上，这样的人在与人交际中就会让彼此的关系处在“过犹不及”的状态。对人太过热情就让朋友之间的感情变成控制，这样的关系不仅会搭上自己的心意，还会失去朋友。对人太过冷漠就会让人际关系变得淡漠，所以，恰到好处的关系才能和谐。

有这样一个故事：有个名叫米菲的年轻人很善于做鱼汤，他经常自己去海边钓鱼，挑新鲜的鱼来做鱼汤。他的朋友很喜欢喝他做的鱼汤，一有朋友来探访，米菲就会做鱼汤给朋友喝。

一天，米菲的朋友卢卡来家里做客，米菲拿出最好的鱼炖了一锅鱼汤。这天的鱼汤味道十分鲜美，朋友卢卡喝了一碗之后，觉得意犹未尽，就想再喝一碗。米菲听了十分高兴，就拿了一个大盆让卢卡喝，卢卡喝了一盆鱼汤，觉得肚子饱了。但是米菲的鱼汤还剩下许多，米菲就劝卢卡再喝点儿，卢卡不好意思拒绝，就又喝了一大碗。米菲见卢卡喝得高兴，不停地劝卢卡喝鱼汤。

虽然卢卡很喜欢喝米菲的鱼汤，但是因为喝得太多，卢卡闻到鱼汤的味道都会觉得难受，之后，卢卡再也不去米菲家了。

米菲由于对朋友太过热心，将事情做过了头，好事也变成了一件坏事。我们处理人际关系的时候，不仅要诚恳、热情、谦逊，还要把握好关系的度，掌握好分寸，热情过度，反而引起不好的结果，谦逊过头，就会引起不必要的麻烦。

每个人对他人都有防备心理，正所谓："见面只讲三分话，绝不全掏一片心"我们对人如果不是胸怀坦荡，真诚恳切，又怎么能指望对方对我们推心置腹呢？但是，即使是诚恳坦诚也需要有一个分寸。一个人说话做事太过彻底，就会不太在意他人的感受，也很容易触犯他人的忌讳，最终让人际失和。

所以，我们处理人际关系需要谨慎一些。说话办事都要给自己和对方留有余地。一个人如果太过谨慎，在人们面前扭扭捏捏，做起事来胆小羞怯，也是不利于交际的。有些话该说而不说，有些事该做而不做，即使是已经到手的工作因为谨慎而思虑再三，左右摇摆不定，最后工作就会被别人抢走。在人际交往中，这就成为一种怯弱。

在与人交际中，我们要调整好自己的心理状态，不要太过于张扬自己的个性，也不要太过于掩饰自己。人也需要心理生存，过于张扬或者过于消沉都会影响人的心理，还会影响他人的精神状态。所以，人与人之间的关系要恰到好处地表达，既不可过分依赖，也不可过分掌控，把握好"火候"，关系才能长久地维系下去。

太过势利会让你丧失人脉

看不起人，不是因为内心强大，而是内心弱小。过于势利的人，他们想通过看不起比他们身份低的人寻找自我安慰，增加自信。一旦他们被人看不起，或者是看到那些地位高的人就会产生失重心理。我们在为人处世中，要用谦和圆润的为人之道，不尊不卑的姿态，与他人和谐相处。

我们身边的朋友有高地位、多金钱、高名誉，也有生活普通，手头拮据、不能自食其力的人，我们在与这些人相处的时候，能否做到圆润为人，谦卑有加，照顾到每一种人的感情呢？

有这样一个聚会，男主人邀请了自己大学时候的同学到家中做客，当年看起来并没有两样的同学，现在身份地位完全不同。他们中有些是市里的领导，有些是记者，有些是名利双收的作家，有些是工程的承包商，有些一事无成没有稳定的工作。吃饭的时候，本来都是十分要好的朋友，大家坐在一起却有了微妙的变化。男主人对那些有身份的人十分客气，对其他人却只是敷衍。

面对这样的聚会，有些同学对男主人的行为十分不满。未等到宴席结束，有几个同学借故离开了宴席。本来是一场很热闹的聚会，却因男主人眼中只有地位高的同学，不把其他的同学放在眼中，使其他的同学面子和自尊心受损。这样的聚会不但没能增加朋友间的交情，反而让彼此之间产生了隔阂。

现实生活中，一些人会过于亲近那些有地位身份的朋友，也会疏远那些地位比较低下的朋友。社会分工不同，人们在社会上扮演的角色也不一样。我们不能因为他人社会地位低下就轻视他人，这样只会刺伤对方的自尊，从而失去这些朋友，这样的人际代价是不值得的。

不仅如此，在很多家庭中，我们也可以看到一些人对有身份的亲戚趋炎附势，言听计从，对那些在农村工作的亲戚嗤之以鼻。在工作中，我们也常常见到一些人对领导溜须拍马，对下级却怒目相视，这些人将自己的精力和时间花在研究他人的背景和身份上，却从来不考虑，这样的势利关系是否牢固、能否长久？

一个人看不起地位低下的人，是因为他们想在这些人面前建立强大的心理优势。但是他们一旦遇到富有的人，建立起来的这种心理优势很容易摧毁，他们就会变得卑微。这些人的内心需要用金钱、身份、名誉来填充，失去了这些，他们就会变得十分脆弱，甚至不堪一击。

看不起人，不是因为内心强大，而是内心弱小。过于势利的人，他们想通过看不起比他们身份低的人寻找自我安慰，增加自信。一旦他们被人看不起，或者是看到那些地位高的人就会产生失重心理，一方面他想与那些有身份的人站在一起证明自己也是有身份的人；另一方面，也会因为自己身份不及那些人产生自卑心理。

太急功近利的交际不仅会让自己处于被动地位，还会被人看不起。所以，我们在与人交往时，不要过于在意他人是否拥有地位和金钱。人际关系如果需要用物质来印证，物质总会有用尽的一天，交情也不会长远。

在与人往来的时候，诚恳的态度最能赢得他人的心。在这个利欲趋使的社会，真诚是最能打动人心的。所以，我们在为人处世中，要用谦和圆润的为人之道，不尊不卑的姿态，与他人和谐相处。

冷静处事中，自有一份人性成熟美

> 当你不能做到淡然以对的时候，拿出镜子看看自己。它会成为正念的警醒之钟。当你看到自己生气挣扎时的狰狞模样，你就会产生想要改变的动力。面对变故，你要做的是平和、冷静的呼吸，心存正念，保持微笑。

不管是遇到突如其来的改变，不管这种改变是喜是忧，我们都要按捺住自己的情绪。尤其是面对冲突的时候，一定要冷静处事。

秦峰在一家设计公司工作了一年，对自己的工作很不满意，愤愤地对朋友说："我的工资是我们公司里最低的，老板也不器重我，如果再这样下去，总有一天我要跟他拍桌子，我不伺候了。"

"你对那家设计公司的业务都清楚吗？对于公司的运营的通道都明白了吗？"他的朋友问道。

"这个，没有！"秦峰一听有点儿傻眼。

"我建议你先冷静下来，大丈夫不要逞一时英雄。你认真对待工作，把公司的经营技巧、商业文书和公司组织完全搞通，再辞职，这样做岂不是既出了气，又有许多收获吗？"

秦峰听从了朋友的建议，收起往日的散漫，对待工作开始越来越上心、越来越认真，有时，下班之后还留在办公室研究商业文书的写法。

一年之后，秦峰又和朋友一起吃饭，朋友问他：“最近怎么样，这下可以拍桌子不干了吧？”

“话不能这么说，这半年来，老板对我刮目相看，对我委以重任，又升职又加薪，现在我可是公司的红人了！”

“这就对了，”他的朋友笑着说，“开始你不受重用，是因为你工作不认真，也不肯努力学习。一时冲动嚷嚷着辞职，冷静下来后痛下苦功，能力提高了，也给公司带来了效益，老板自然对你刮目相看了。”

事实上，真正能拥有冷静淡然的心境，就需要我们不断地修习内心的平静和安然。虽然心中知道冷静处事是一种情感上的睿智反映，是一种独到涵养。然而面对这个高速发展的物质世界，还是不免毛毛躁躁、大动肝火，事后又为自己的失态而恼恨不已。

灵修大师说：“不妨带一面明镜，帮助自己放下内心的烦扰。”当你感觉到内心躁动不安的时候，拿出镜子来看看你的脸。这时的你没有一点儿可爱可言，紧绷的脸部肌肉让你看起来像一颗随时可能爆炸的炸弹。看到如此失控甚至丑恶的自己，你难免会吓一跳。反正我是被自己的暴躁吓到了。镜子中那个面红耳赤的人，竟然是平时被称赞恬静的我？！也正是这种震惊的对比，让我能够慢慢静下来，面对外界的改变能够沉静自己。

所以，当你不能做到淡然以对的时候，拿出镜子看看自己。它会成为正念的警醒之钟。当你看到自己生气挣扎时的狰狞模样，你就会产生想要改变的动力。面对变故，你要做的是平和、冷静地呼吸，心存正念，保持微笑。

不做情绪的顺风草

> 我的沉默是歌唱，我的饥饿是消化不良。
> 口渴时我已喝足了水，清醒时我却酩酊大醉。
> 苦闷中我有欢乐，颠沛流离时我有团聚。
> 在隐蔽中我有揭示，在揭示中我有隐蔽。
> 我是多么苦闷、烦恼，我的心却为苦闷而自豪。
> 多少次我悲痛哭泣，我的唇边却挂着微笑。

大多数情况下，我们与人争论的结果都只会使双方比以前更相信自己绝对正确；或者，即使你意识到自己的错误，也绝不会在对手跟前低头认输。或者口服心不服。越争辩越固执己见，而人的固执性，会将我们之间的距离越拉越远。直到争论结束，我们的立场也会从开始时的并列，演变成可怕的对立。而引发争论的缘由也许只是只言片语的不合。

在一个小村子里，有一位农夫，他因为一些小事和邻居争执起来，两人你说一句，我还击一句，谁也不肯想让。两人越吵越凶，最后还打了起来。农夫因此受了伤。他气不过，就来到教堂想让牧师帮他评评理。村子里的人都认为牧师是最有智慧，最公正的人。农夫就想让牧师帮他教训邻居一顿。

他来到教堂后，对牧师说：“牧师，我的邻居欺负我，他不仅骂我，还动手打我，我真的没有想到世界上还有这样凶悍的人……”农夫的话还没有说完，就被牧师打断了，牧师说："对不起，我现在刚好要去修剪园子里的花草，十分忙碌，要不你先回去，明天再来吧。"

农夫气冲冲地回去了。第二天他起了个大早，就来到了教堂，看到牧师正在教堂打扫卫生，就走到牧师面前说："牧师，你昨天应该已经听说了吧，我和邻居发生了争执，他这个人不可理喻，不仅骂我，还动手打了我。"

牧师依然不动声色，他不紧不慢地说："我此刻要打扫教堂，也十分忙碌。你现在还带着怒气，在教堂里说话会影响主的安宁，等你心平气和了，咱们好好聊聊。"

农夫沮丧地回去了。接下来的几天他再也没有来到教堂。一天，牧师去村子里布道，遇到了农夫，他看到农夫正在自己的田地里忙碌，看起来十分开心。牧师就问："你还有什么话想对我倾诉吗？"

农夫笑了笑说："我现在已经心平气和了，想起来那件事觉得也不是什么大事情，并且我也有错，适当的时候，应该退一步。"

牧师说："你这样想就对了，很多时候，人们需要负责任地表达自己的情绪。我不听你说这件事，不愿意回答你的问题，就是想告诉你，不要让情绪控制我们的情感。"

牧师不理会农夫的倾诉，只是想用另一种方式告诉农夫，有时候，负责任地表达情绪能让人们之间的争执和纠结更容易解决。只要人们愿意缓和自己的情绪，事情就能很快过去。一位诗人说：忍让虽然痛苦，但却能渐渐地为你带来好处。的确，退让一步，三思而后行，冲动便消失得无影无踪。

遇到摩擦的时候，我们最容易丢掉自身的和气，与人争得面红耳赤。很多时候，我们需要控制住自己的情绪，就能把一件复杂的事情漂亮地解决。"永远不和人做无谓的争辩"熄灭内心的怒火，滔滔雄辩结果往往是自己生一肚子气也占不到便宜。其实，即使我们辩论过别人又怎样，还不是满足了一时的好胜心？剩下只不过是获得一点点以后自己想来都觉得可笑的满足感。

我们没必要去跟别人计较长短，生活中，该睁一只眼闭一只眼时，就不必去较真。不能控制住自己的情绪，就会让生活中多一些争执。争论就像是我们自制的苹果汁，瓶子底部的果汁难免有一些果泥，是混沌的，十分不讨喜。越争论不休就越是浑浊不堪，当然也不会有人愿意喝。可是当我们静下心来沉淀一下的时候，里面的果泥也会慢慢沉淀到杯子的最底下，杯子上半部的果汁清澈可口。

苹果汁在沉淀片刻后就变得清澈，同样的道理，如果我们能控制住自己的情绪，不做情绪的顺风草，让心止息片刻，心也会变得清澈。这份心灵的清澈会给我们的身体和心灵都带来力量和宁静。而当我们的内在舒畅安宁的时候，周围的一切自然也会变得清澈。

控制住自己的情绪可以让心宁静，沉淀出生活中许多纷杂的浮躁，过滤人性的杂质，避免许多鲁莽、荒谬的事情发生。不做情绪的顺风草，心平气和地面对任何事情往往要比气急败坏，声嘶力竭更显得有涵养和理智。

退让，给争执一个出口

对某些人来说，臣服可能有些负面意义，暗示着挫败、放弃、无法承受生命的挑战、变得被动或迟缓……臣服的智慧在于顺随生命之流，而不是逆流而上。

我们与别人发生争执，不外乎“我大你小，我有你无，我乐你苦，我对你错”这些问题。如果在地位上，把高位让给他人，自己甘居下位，就不会起争执；在物质上把多的、有的给他人，在工作和享受上把轻便的、快乐的给他人，凡事错的自己承认。如果人人皆能做到如此，那么人与我之间也没有什么好争执的了。

我们都知道退让一步，就不会争执不休，可是却站在自己利益的边界线寸步不让，不仅不让，还要伸出手去尽量多往自己这边抓取一点儿。在利益面前，想要心如止水，那的确是件刁难人的事。然而，你可曾注意过，太多的时候，我们的争执并不是为了多多谋求什么物质上的利益，而是因为一时意气。当人们意识到自己曾经做得多么狭隘，才学到待人时退一步不是无能、无奈，而是面对人我是非时展现出的气度和胸怀，是对人对事的包容和接纳。

有一户十分好客的家庭，他们对朋友十分热情，经常会准备一些丰盛可口的饭菜招待来往的客人。一天，主人的一个朋友来做客，主人听说后喜出望外，准备了很多酒菜准备好好款待老朋友。正在做饭的时候，发现家里没有盐了，就吩咐小孩子去商店买盐。

卖盐的商店离家不远，来回也就十几分钟。但是主人在家等了半小时，也没不见小女儿回来。主人在家等得十分焦心，他一直安慰自己，或许是店里生意忙，小女儿在那里排队，或者是小女儿遇到了熟人在与人聊天忘记了时间。他很想出门看看，但是碍于朋友在家，他一面陪朋友聊天，一面焦急地等待女儿。

最后，他终于按捺不住了，夺门而去寻找女儿。他非常着急往商店的路上奔跑，在路边发现女儿正在和邻居家的一个男孩子打架。两个孩子你不让我，我不让你，相互扭打得不可开交。

看到女儿被一个男孩子欺负，他顿时大怒起来。他揪住男孩的衣服，就把男孩提了起来，还大声嚷嚷着说："你为什么打我的女儿，你这个孩子太坏了。"说着就把男孩子放下，暴打了一顿。那个孩子也不甘示弱，大人小孩扭打在一起。最后，孩子的父母赶了过来，看到自家孩子挨打，也十分气愤，就与主人理论起来。

一场喧闹一直折腾到晚上才结束。在众人的劝解下，两家都回到了自己家里。这时，主人才发现，还有一位老朋友在家，自己因为打架早把老朋友来访的事儿忘到九霄云外了。本来一场欢乐的聚会，因为这对父女的不肯退让变成了不愉快的见面。

生活中的每一天，我们会接触各色各样的人和事：同乘一辆公交车的路人，接洽新业务面对新的负责人，新的竞争对手……每一样都顺心如意是不可能的，总有闹意见、有分歧的时候。这个时候，我们该怎么办？骂别人一顿，和人打一架？和对方争成一对斗鸡眼还是自己生闷气？不管怎样，我们的心情恐怕都会跌至谷底。而对方也可能会因为我们的一时计较而暗生恨意，最终结成仇家。

或因为误会，或因为吃亏，或因为语言伤害争来斗去，凡是去攻击对方的人，绝对无法在争论方面获胜。人人都执着于自己的财富、地位、身份、自尊，遇事往往不肯相让。因此世上只要有人的地方就有纷争，你、我、他之间纷纷扰扰全是争执。

这次你争赢了，下次他就会想办法反击，好让他自己舒坦些，如此的恶性循环导致双方的痛苦不断加深，谁都得不到好处。其实，这时你们最需要的是退让与帮助，没有任何人愿意陷入争执的泥沼里，被愤怒包围。

在争执发生前，我们要冷静一下，好好地照顾心中涌起的不平之气；当有人让你愤怒痛苦时，你就回到自己的愤怒痛苦，好好地照顾它。最好什么都不要说，什么都不要做，退让一步是对他人的大度，更是对自己的保护。

第五章 心静：平衡情绪，关照心灵的秘钥

花开花落，去留无心。幸福的生活不在于是否富足，不在于是否身在高位，不在于手握多少钱财。面对荣辱，保持一颗淡泊的心；面对得失，怀着泰然的心境；在恬淡之处体味生活的玄妙，在张弛有度的生活中，静观自己的内心，消除心中的杂念，开启追求幸福的静心之旅。

懂得放手，给爱一个自由的空间

> 只有那些能安详忍受命运之泰者，才能享受到真正的快乐。
>
> ——舒伯特

有诗人说，情人之间牵手是因为前世的千百次回眸；那么情人之间分手，真正的放开手也不仅仅是给对方自由，更是给了自己一个追求幸福的自由。你一定以为我要说的是爱情。不是的，我要说的放手是放弃执着心，不仅是要给爱自由，也要给自己的心自由。

佛家有一种心态叫做：破我执。乍一看与我们受到的坚持不懈之类的教育似乎是对立的。其实细看起来却很有道理。可以说，执着是一种积极的心态，给我们力量追求自己的梦想，做到坚持不懈、永不言弃。然而“执着”同这世界上的事一样，都要遵循一个道理，那就是分寸。太过执着的心态，在很多时候反而是我们收获喜悦平和的阻碍。所以，懂得放手，放开对他人的执着，才能给爱一个自由的空间。

朋友的父母在他和妹妹相继成家之后，这对年过半百的老人却离婚了。在他们结婚的那个年代，还是遵从父母之命。两人在双方家长的同意下结合了，不久后他们有了孩子。结婚之后一直过着平淡乏味的日子。日子一天天过去，两人之间的矛盾越来越多，争吵次数也越来越频繁。大到理财计划，小到生活细节，无一不是他们吵闹的理由。直到朋友说："你们再吵下去，我和妹妹就离家出走！"两个人才偃旗息鼓。日子也像是走过一个大转角，表面上和平共处，一家人和和气气，两人的内心却更加疏远。

朋友和妹妹毕业了，离开了家组建各自的家庭。两位老人终于决定重新审视他们的婚姻。最终，他们选择了平静地分手。他们默默地收拾好行李，划分财产，平静地离开了那个共同生活了几十年的家。后来，朋友的父亲又找了一个脾气温和的女人，过上了他向往的平淡日子；朋友的母亲则找了一个热情开朗的男人，过上了她向往的有活力的生活。两对老人经过了一阵子之后，也开始沟通联络。

因为对孩子的责任，他们在一起生活了二十多年，彼此怨憎却得不到解脱。他们曾经甚至以为对方就是自己这辈子难以摆脱的厄运，以为就这样过一辈子，忍一辈子。前半辈子不能遵从自己的意愿活着，完成了对孩子们的使命，后半辈子难道还要执着在怨恨中？

幸好，他们想通了。

既然不爱，就勇敢地放开手。过去的日子风风雨雨，但是肯定也有难以磨灭的温馨记忆。这样不就够了吗？我们的人生也是一样。不论是什么样的境遇，需要有"破我执"的智慧与勇气，然后从容地迈向未知的领域。放下执着，就等于是给自己一个转机。同事对你的一句冒犯，或是前男友（前女友）对你的一次伤害，让你难以释怀，不能原谅。你自己也陷在这种懊恼与怨恨之中，做不到真正的开怀。同行业中的人为了竞争和生存会有一些私下的交易，你自己也不能免俗，却对竞争对手十分不齿；朋友对待家人的态度有些苛刻，你会在心中介怀，甚至因此和朋友产生隔阂……一直以来你认为不能原谅的，也许只是不能原谅自己；一直以来你以为你不能接受的，也许只是因为不愿承认那样的自己。其实，放开自己，给自己的心灵多一些空间，我们的人生会更加开阔。我们羡慕他人的自在与洒脱。我们认为他们洒脱是因为他们勇敢，其实不是我们不敢，而是因为我们不能做不到他们那样放弃执着。懂得放下，才能开始新的人生，过得逍遥。有灵修大师说，世上从来没有命定的不幸，只有死不放手的执着。

不切实际地执着，有时候会演变成一种无畏的愚昧，懂得放手才是人生的大智慧。超过分寸的执着，会让我们的生命状态像一根紧绷的弦，时刻不肯松懈，也不能松懈，结果自己痛苦，周遭的人也跟着痛苦。这种固执非但不能带给我们幸福，反而增加了生活中的痛苦。这时，我们不妨选择放手，敞开心扉坦然地去面对一切，我们的生活才能真正的安宁。

挣脱锁链，自在享受生活的快乐

挣脱锁链意味着你开始以一种更健康的方式去生活，不再疯狂地追逐金钱名利，不再一直沉溺于工作中。生活除了物质上的需求，还有心灵上的满足。挣开抑制心灵成长的枷锁吧，你一定可以过得比你预想的更加快乐。

我们不断追求快乐与幸福，不管当下的你我快乐与否，心中永远憧憬快乐幸福的日子。很多时候，我们有这样的疑问，为什么我不断追求快乐，快乐却仿佛离我越来越远了呢？我拼命追，为什么总是追不到呢？

在不断地发问与不断地自省中，我才领会到，不是我追逐快乐的脚步太慢，也不是快乐的步伐太快，而是我们一直戴着脚镣舞蹈、系着锁链追赶。所以才会越追越累，才会好不容易追逐了几步，又被锁链牵引撤回原地。束缚我的锁链无色无形，无声无息，驻扎在我的思维里，它的名字叫做欲望。

陶渊明在《归园田居》中有这么几句："方宅十余亩，草屋八九间。榆柳荫后檐，桃李罗堂前。暧暧远人村，依依墟里烟。狗吠深巷中，鸡鸣桑树颠。"诗人描绘的是一种再简单不过的生活了：几亩薄田，几间草屋，房前屋后栽几棵树，看着袅袅炊烟，听着鸡鸣犬吠。日子过得简单、恬适，却也悠然自得。幸福的感受就是这样微妙，太多的时候并不是你获得多少，而是你能够满足于多少。知足常乐的人，也有不少人，为了永无休止的贪欲反而会失去更多。我们要想得到真正的大自在，就需要挣脱锁住欲望的链条，放开自己。

沈佩妮是一个广播台的主持人，她做事一向争强好胜，拼了命想抓住每一个机会，还帮助台里拉赞助。一段时间，她手上同时拥有 6 个广播节目，简直是台里的“台柱子”，每天忙得昏天暗地。

事情有一利必有一弊，沈佩妮的事业愈做愈大，压力也愈来愈大。到了后来，她发觉拥有更多、做得更大不再是乐趣，反而成为一种枷锁，一种沉重的负担。她的内心越来越不安。果然，年底的时候她和朋友投资的公关公司被恶性倒账，赔了一大笔钱，相恋五年的男友不忍她的强势和她分手……一连串的打击直奔她而来，她极度沮丧，觉得自己一下子苍老了不少。

朋友看她濒临崩溃，就约她出来喝喝红酒，散散心，她问朋友：“你说我现在声音条件下滑了，再把公司关掉，我还能做什么？”朋友沉吟片刻后回答：“你做什么不行？你什么都能做，别忘了，当初我们都是从‘零’开始的！”

这句话让她恍然大悟，也让她勇气再生。“是啊！我们本来就是一无所有，既然如此，又有什么好怕的呢？”就这样念头一转，她不再沮丧。她和朋友全身心投入到工作上，终于在第二年年中的时候接到两笔很大的业务，苦心经营的公司起死回生了。

经历这些挫折后，佩妮也领悟了，与其费尽了力气去强求，勉强得到，最终留也留不住；倒不如洒脱放空了，随之而来的可能是更大的能量。她从此简化生活，谢绝应酬，搬离了大房子，换成了小居室，淘汰不必要的家当，把家布置得简洁又温馨。

一个人需要的其实很有限，许多附加的东西只是徒增无谓的负担而已。人人都有欲望，都想过美满幸福的生活，都希望丰衣足食，这是人之常情。但是，如果把这种欲望变成不正当的欲求，变成无止境的贪婪，那我们无形中就成了欲望的奴隶。不论是财富也好，情感也罢，或是其他方面的索求，我们都应该做到取之有度，适可而止。“度”这个概念我们都有，但是鲜少有人愿意去实践，面对利益，最先抛掉的往往就是这个“度”，最后成为欲望的奴隶而不自知。

欲望是一条看不见的锁链，捆绑住我们的快乐与自由的灵魂。欲望又像无垠的海洋，我们在欲望的海洋中泅渡，望不到岸，也没有淡水补给。这浩瀚的海洋就像是诱惑人心的花花宇宙，引得你去喝一口。第一口海水本意是为了解渴，哪知停不住口，命运也就此断送在了这一口海水中。

心中欲望太多，而不能一一得到满足，就会产生烦恼，引发“不可得”的痛苦。越是烦恼就越是会全力地上下求索，也就愈发摆脱不了欲望锁链的控制，往深渊中深陷，在挣扎中幸福当然会失去原色。

挣脱锁链意味着你开始以一种更健康的方式去生活，不再疯狂地追逐金钱名利，不再一直沉溺于工作中。生活除了物质上的需求，还有心灵上的满足。挣开抑制心灵成长的枷锁吧，你一定可以过得比你预想的更加快乐。

挣开束缚，不需要做任何事来证明自己的存在，从忙碌追逐的状态中解放自己。没有紧张，没有匆忙，没有烦恼。而是在平静的状态下，和周遭的环境相融，体验生活提供给我们的一切。即便只是山间的缕缕清风，或是江上的皎皎明月，也会让我们的生命变得更加圆融完整。

对自己的情绪负责

> 情绪是由思想造成的。在内心反击消极的想法，往往能使心情大为好转。
>
> ——伯恩斯

不知道你是否留心过情绪所拥有的力量，它能够鼓舞你追随自己的理想、克服心灵的创伤，也会趁你脆弱让你一蹶不振。我们经常说到“微妙”这个词，是因为很多东西在潜移默化中影响着我们。情绪的作用力很微小，影响力和破坏力却十分巨大。

我们时不时地会发脾气，会爆发。然而回过头来的时候，又觉得没有什么真正值得生气的事。时间会慢慢平息你的怒气，可是因为坏情绪而造成的伤害，却是岁月难以愈合的伤口。回首看看曾经走过的人生旅程，因为坏情绪而留下的遗憾，做过的憾事，谁能够数得清呢？

要明白，在我们的生活中，难免会遭遇各种各样的事情，我们的情绪自然也会跟随着起伏。如果我们任由情绪的掌控，那些不良的情绪就会变成阻碍我们人生的桎梏。这些束缚我们手脚的枷锁通常又不易被察觉，于是我们就越来越深陷其中难以自拔。而在每场与情绪的不断拉扯中，总是让人感觉有心无力，人生的航行会减慢，改变航线甚至搁浅。坏情绪往往隐藏着一种极大的腐蚀力，就像强酸一样，逐渐腐蚀我们的心灵，磨损人的志气。直到生活变得面目全非，我们还是找不到问题的关键所在。

有这样一个真实的故事。在一场举世瞩目的台球比赛赛事，上一届的世界冠军只要把最后那个黑球打进袋中，他就拿到了冠军。

这时台上台下高度紧张。可是，就在这个关键的时刻飞来一只苍蝇，落在他握杆的那只手臂上，他停下来挥了挥手，赶走了苍蝇。谁料，在准备击球时，苍蝇又飞了回来。这次苍蝇更加不识趣——竟落在了他锁着的眉头上。他只好眉头紧锁地停下来，他这次看起来有些烦躁，又忍不住挥手去打苍蝇，苍蝇又轻捷地脱逃了。

他调整呼吸再次准备击球时，那只苍蝇又飞回来了，这次更可恶，苍蝇直接落在了黑球上。冠军看到苍蝇心情烦躁到了极点，他手执球杆对着苍蝇捅去。苍蝇受到惊吓飞走了，与此同时球杆触动了黑球，当然，黑球不可能落入球袋。

按照比赛规则，该轮到对手击球了。对手抓住机会死里逃生，发挥出奇顺利，借此翻盘一口气把自己的球全打进了袋。

冠军卫冕失败了。他自然是恨死了那只苍蝇，除了耿耿于怀，他顿感回天乏力。

一只苍蝇改写了世界冠军的命运，听起来让人匪夷所思。但是这其中的因果关系并不偶然。倘若冠军能控制自己的怒气，静待苍蝇飞走，今天我们看到的故事，也许就是另一个结局了。

是那只苍蝇毁了他的冠军梦吗？当然不是，毁了他自己的，是他的坏情绪。每个人的成功，首先来自于情绪的完善，而非才能。如果没有情绪的完善，再完美的才能也会难以发挥作用。这个世界从来不乏有才能的人，但是这些人往往自恃有能而过于自负，忽略了培养情绪智商。

如果我们不善与人沟通，在面对困难与打击时，不能有效控制自己的情绪，常常抱怨自己“怀才不遇”，可想而知我们的一生将会怎样的晦涩。听任情绪控制我们的行为，那我们只能做生命的弱者。不如从今天起，给自己定一个目标：“从此刻起，我一定要对自己的情绪负责。”

对自己的情绪负责，不放大消极情绪，不听任情绪的发展，我们应该做的，是平和地面对生活中的一切。尽管情绪具有不稳定性，会由弱变强，或是由强到弱的变化，我们一定要本着对自己负责任的心，避免整个自我被情绪卷进去。把自己的责任心作为度量情绪的标尺，把各种情绪都化为我们前进的动力。让愉快的、乐观的情绪促使我们积极工作，即使低落、悲伤的情绪，也要做到“化悲痛为力量”。

张弛有度，做一个充满正能量的人

掌握自己的情绪周期，是为了将其应用到我们的日常生活中。遇上低潮和临界期，就提高警惕，运用意志加强自我控制。让它提醒我们，帮助我们克服不良情绪，让我们成为一个充满正能量的人。

为了拥有更好的生活，我们需要具备很多能力。我们要有自信、勇气，遇事冷静、从容，或者是坚定、决心，还要有创造力、幽默感，还要敢于冒险，懂得随机应变……所有这些能力，全部交织在我们体内，在需要的时候站出来帮助我们。是什么在支配我们自身的资源，促使这些资源发挥最大潜能，你想过没有？可能你会说是思想，这太过玄妙。调控我们能量的，其实还是我们对自己情绪的控制。

我们每个人、每时每刻都在感受着情绪带来的力量。比如，观看一场紧张激烈的羽毛球冠军争夺赛会兴奋和紧张；听偶像的演唱会使人激动难抑；完成一项工作任务后的喜悦和轻松；受到客户刁难时会悲观和沮丧；遭遇雷电天气时会出现恐惧感；面对对手的挑衅时会抑制不住内心的愤怒；约定的行程不能实践时会出现失落……这些变化直接引发我们情绪的波动。情绪是很复杂的，人类有数百种情绪，一个应对之间可以有无数的混合变化、细微间的差别，情绪就是这样复杂，远不是三言两语所能描述的。

曾经红极一时的电视剧《大长今》大家一定不会陌生。女主角长今是朝鲜历史上皇帝第一个的女医官。就是这样一位医术高明的人，也曾经因为自己的浮躁情绪输掉了一次关键性的比赛。

为了争夺最高尚宫的位置，长今和今英各自全力以赴协助自己的师傅，比赛熬制鲜美的汤。长今的厨艺和天分都不输今英，但在一场比自己生命都还重要的比赛中却输了。

为了赢得这场比赛，长今跑到很远的地方去寻找最好的牛骨，因此耽误了一天多的时间。要熬制上好的牛骨汤，至少需要三天三夜才能去除牛骨的油腻和腥味。为了赶时间，长今绞尽脑汁想出了利用宣纸来去除油腻，加珍贵药材来去掉腥味的方法。

付出了这么多，结果长今却输了。因为长今违背了这次考试的宗旨——“做出老百姓也能做得出的汤”。如此珍贵的药材哪里是寻常百姓买得起的呢？

事后，尚宫大人对长今说：“你的聪明才智变成了毒药，你才会失败。你还是太急躁了。”长今太想赢得比赛而引发的急功近利的心态。她的情绪失衡，违背了做事的根本。无论做事还是做人，除了要善于抓住机会，懂得运用必要的技巧之外，还需要保持张弛有度的心态。这种心态，对于想真正出成效的人来说，是十分重要的。

长今太想赢得比赛而引发的急功近利的心态，使她失去掌控自己情绪的能力。掌控自己的情绪首先要从审“美”开始，意思就是多关注事物美好的那一面。情绪犹如相机的镜头，假如你把镜头对准河里的淤泥，拍下来的就是淤泥的画面；假如你把镜头对准亭亭玉立的荷花，就会留下荷花的清影。同样的，如果我们的注意力集中在积极的方面，就会产生乐观的情绪；集中在消极的方面，自然就会产生灰色的情绪。积极、愉快的情绪使人充满信心，努力工作，消极的情绪则会降低人的行动能力。消极情绪的危害之处在于，它不仅影响我们的判断和理智，也会影响他人对你的看法。

激烈的竞争形势，让我们对自己要求越来越高，对环境的要求也越来越高。过高的要求除了压力倍增之外，让我们对自己、对环境也滋生出更多的不满。这是因为我们看待自己时不够理性，遭遇挫败对自己不能原谅。

其实，这些究竟有什么大不了呢？

即便因为境遇的原因，产生了一些灰色的情绪，也不用担忧，适当纾解情绪就是了。约上三五知己好友，道出自己的委屈，发发牢骚。很多时候，情绪一旦找到宣泄的出口，宣泄出来，就烟消云散了。要健康的纾解，不要压抑自我，否则不良情绪会越积越多，你也会难以控制。

活得富贵不如活得轻松快乐

> 夫君子之行，静以修身，俭以养德，非淡泊无以明志，非宁静无以致远。
>
> ——诸葛亮

人生路上，我们会品尝到不同的人生滋味。有人看到别人获得高位，自己也想去追求。看到别人拥有金银珠宝，自己也想去争取。看到别人有车、有房，自己也想去买。物欲和诱惑时刻侵扰着我们的内心，让人们为之奔走忙碌。可是，获得高位并不能让我们的精神富足，有房有车并不能充盈我们的心灵。幸福的生活在于自己的内心体验，而不在于物质生活的追寻。

人心中一旦充满势利之心，就会衍生出恐惧、怀疑、悲伤、忧虑等各种各样的情绪。一个人如果思想中带有这种悲观情绪，生活就很容易陷入痛苦之中。如果心灵充满悲伤和痛楚，即使拥有豪宅、美味又有什么值得炫耀的呢？其实，生活不论是富足还是清苦，是咸还是淡，都是一种生活方式，也是人生的一种体验。所以，名利都是人生的附属物品，心态平和淡定才是内心富足的源头。

阿拉伯一个石油大亨有很多钱，却觉得自己不快乐。他听人说旅行可以改变人的心境，就决定去美国旅行。他带来很多现金、支票，然而，总是忧心会有人来绑架他，所以在旅途中也不是十分称心。一天，他来到一个大农场，坐在一个树下乘凉，看到一个农妇一边摘草莓，一边哼着小曲看起来十分快乐。

他想知道其中的奥秘，就走到农妇面前说："你为什么这么快乐呢？你有很多钱吗？"

农妇擦擦了自己头上的汗水，看了大亨一眼说："您一看就是远方来旅行的，你把钱看得那么重，怎么可能会快乐呢？"

他还是不解地问："那我怎样才能得到快乐呢？"

农妇说："你若是家财万贯，整天忧心有人抢夺你的财富，或是担心财富损失，快乐怎么会跟着你呢？"

大亨听了恍然大悟。他回国后成立了基金会，专心做慈善。他看到自己给别人带来这么重要的价值，也尝到了快乐的味道。

一个人内心空虚，贪欲满腹，即使有金钱万两也未必能真正开心。因为一个真正内心富足的人，不需要用金钱、名誉寻找自我安慰，增加自信心。淡泊的人不在乎自己的钱财有多少，也不会在意自己是否身在高位。他们对事情抱着一个乐观的态度，也享受到生命的从容和自得。

大诗人苏东坡因为"乌台诗案"下狱，被贬到黄州去做一名小吏。在黄州的几年中，苏东坡修身养性，对自己的遭遇从来没有半句怨言。在一次野外行途中，东坡与同行人一起遭遇大雨，他写下了一首词表达自己的心迹：莫听穿林打叶声，何妨吟啸且徐行。竹杖芒鞋轻胜马，谁怕？一蓑烟雨任平生。料峭春风吹酒醒，微冷，山头斜照却相迎。回首向来萧瑟处，归去，也无风雨也无晴。

面对人生的沉浮和得失，东坡并不因此患得患失，他将自己的机遇理解成"也无风雨也无晴"，这种超然和淡泊是一次心灵的回归，也是一种平常心境。面对权贵和浮沉，他都选择了平常和淡定，洒脱的活在天地之间，不为物所累，不为事而惑，只求心灵获得一份惬意和安宁。

我们都向往从容的生活和安宁平和的内心，但遇到一些不如意的时候，我们还是会无法释怀；工作环境不顺心的时候，还是会哀叹悲伤；心爱之人被人抢走的时候，还是会心存怨愤；家庭不和睦的时候，还是会烦躁。这是因为我们的心理承受能力太弱小，不能接受与内心期望不相符的事实。如果我们能看淡名利，减少欲望，那么我们心里就会觉得轻松自然。

不管自己是否拥有钱财、名利，心中不挂念，没有贪恋之心便能随遇而安。而这种“随遇而安”并不是听天由命，安于现状的被动，而是无论在什么处境下，都能建立强大的心理优势，让心灵不为任何境遇影响、干扰，都能保持一种淡泊清明的心态。

减去多余的物质，心安才能自得

有不少人，他们不追求那些物质的东西，他们追求理想和真理，从而得到了内心的自由和安宁。

——爱因斯坦

人生在世难免有一些欲望和追求，有人追求梦想，有人追求金钱，有人追求名誉，有人追求地位。其实，无论我们追求什么样的生活，都需要一个度。过多的不必要的东西能满足我们的虚荣心，实际上却会给生活带来负担。有人为了赚取钱财不分昼夜的工作，有人为了实现梦想废寝忘食，有人四处旅行放松自己，我们不能评判哪一种生活方式更有意义，但是却敢断言幸福来自于内心的体验，取决于我们内心的感受。

人经常处在紧张的工作压力之下，精神处于极度紧张状态，到了工作放松的时候，精神往往出现萎靡，身体也每况愈下。这是为什么呢？人的身体习惯了紧张状态，心理机制也会处在高压之下，精神时刻紧绷。一旦紧张状态消失，对身体来说就是一种反常现象，心理机制也会失衡，就导致了各种疾病的产生。

人生本身是一场体验，如果人一直处于紧张状态，心里就很难体味到真正的放松，也很难享受到生活的闲适。生活本身其实很简单，我们让自己背上烦恼，背上痛苦，背上压力，就很难体味到幸福的滋味。其实，闲适的生活与金钱、地位、名誉无关，它只和人的心灵体验有关。我们要学会舍弃多余的包袱，让自己轻松自在地前行。

2010 年日本地震海啸导致福山核电站核泄漏的事，大家肯定记忆犹新。那年，对我们中国人来说最大的影响莫过于“盐恐慌”。被辐射的海水会影响盐的产量、质量的说法一时甚嚣尘上。人们开始疯狂采购食盐，很多地方盐都脱销了，尤其是小镇上。

我的一个同事，家在浙江的一个小村子，村中的一家小超市店主连夜从绍兴的大超市弄来上千包食盐，原本卖 1.5 元的食盐涨到 15 块钱一包。还一个劲儿在村中宣传食盐紧俏，要抓紧时间囤积食盐。村子里的人觉得食盐太贵了，小超市的店主太黑心肝，都是乡里乡亲的，这样哄抬物价太黑心。可是食盐紧俏，大部分村民还是买了。很快新闻就澄清了这则假消息，村民更觉得上了当，于是开小超市的一家人被村民们孤立起来。

想想小超市的店主，一时卖食盐挣了钱，反而和同村的乡里乡亲疏远了，这就得不偿失了。虽说商人逐利，但是也不能失了同乡的情分。拥有了金钱、地位、名誉并不能充实我们的内心，不能让我们真正得到快乐。生活中重要的不是拥有多少，而是怎样让自己保持一颗自得自在的心。心安生活才能自在。

不想被生活所累，就需要学会减去不必要的负担。我们在用电脑的时候都知道，安装的程序越多，在用电脑的时候会经常出现一些错误信息和垃圾文件。这些错误程序不及时清理，就会影响电脑运行的速度。如果处理不当，甚至会出现系统瘫痪或者死机现象。所以，我们在用电脑的时候会不时地清理文件，删除不用的程序。其实，我们的生活和用电脑一样，如果不常清理，不删减一些东西，承受得太多，心理防线就很容易崩溃。

世间值得拥有的东西太多，我们想要的东西也很多，但是人的精力是有限的，不能什么东西都占为己有。占有东西太多就会影响我们的生活、工作、家庭和身心健康。在现实快节奏的生活中减慢自己的速度，以平和的心态面对各种压力和诱惑，人的内心如果需要依靠金钱、名誉、社会地位才能变得强大，它也一样会因为外在环境的改变而变得脆弱。放空自己的心灵所带来的富足远远大于物质富有的程度。

减法过生活是一种健康的心态，也是一种积极的人生态度。我们要时刻清理自己的心灵空间，尽可能保持平和的心态，正视自己的生活，正视自己的内心，才能活出全新的自我。

看花开花落，淡然面对生活

> 一个人活着而没有目的，他就会彷徨、苦闷和不安。而唯有当一个人确实了解他自己所要过的是什么生活，和他所要追求的目标到底是什么之后，他才会觉得他的生命充实和有意义。
>
> ——罗兰

作为这个世界上的一个存在个体，人需要摄取食物来补充自己的生理机制。同时，人也需要工作、家庭来完成这个社会存在的意义。在社会中会有欲望和诱惑，人们想通过外在的需求来证明自己的存在价值。每个人都需要在心理上确证自己的存在感。当一个人有了金钱，有了地位，有了身份，自然会觉得自身价值高于他人，就会得意忘形。一个人工作失败，家庭失和，生活不开心，就会觉得自己是一个失败者，从心理上觉得自己低人一等。

问题在于，人生价值从来不是靠金钱和名誉来维护的。相反，人越执着于维护自己的所得，越想通过地位证明自我价值，就越暴露出他内心的虚弱。一个有权有钱的人，他在别人面前趾高气扬，言行举止傲慢无礼。这个人在工作上可能会比较优秀，但是从另一个角度来看，这个人的内心却十分脆弱。因为脆弱，所以处处维护自己的权威。他把权势和金钱当做自己的保护壳。一旦失去了金钱和权势，他会心理失衡，因承受不住打击一蹶不振。一个内心强大的人，不会过分注重自己的得失，也不会因为荣辱而痛苦，他们不忧不惧，不悲不喜，能坦然地面对生活的得意与失意。

一位政绩卓著的官员每天忙忙碌碌，不得清闲，时间久了，他工作压力大，心中生了很多烦恼，工作动力也不足。苦恼无处排解，他便来到一间经常去的茶室和朋友一起喝茶。

朋友是一位哲学教授，静静听完了他的倾诉，就让他细看桌子上放着的一只花瓶。

朋友微笑着说："你看这只花瓶，它每天都在这张桌子上，被放在同一个位置，但是瓶中的鲜花每天都在更换，它还是照样供给水分与养料，这是一种不动声色的静态忙碌。别看这间茶室清幽，几乎每天都有尘埃灰烬落在花瓶里面，但这花瓶依然澄清透明。你猜猜这是什么原因？"

他思索良久，仿佛要将花瓶看穿，忽然他似有所悟："原来，所有的灰尘都沉淀到瓶底了。"

朋友笑着说："生活中的烦恼真是数也数不清，你越想排解越挥之不去，不如淡然处之。好比这瓶中的水，你越是放不下，越是摇晃，水就越混浊；如果你愿意沉下心来、静静地让它们沉淀下来，水反而清澈。我们的心也是这样，要想心中空明，还是要淡然面对烦恼。"

生活中的烦恼之事总是难以预料的。人得意洋洋的时候，也许会突然遇到一场灾难让人痛不欲生，困难重重之时却突然柳暗花明，正在苦苦寻求挣钱方案却突然天降意外之财。这些意外都会让人不知所措，或喜或悲，或忧或惧。如果一个人因为得到一个好工作得意忘形，也会因为工作中的小问题沮丧。如果因为意外得到一笔钱手舞足蹈，也会因为丢掉一些钱痛苦；如果因为取到一个美丽的妻子沾沾自喜，也会因为妻子不做家务不管家事苦恼。真正内心强大的人物来则应，物去不留，面对生活的变化，内心平和自然。

我们生活的路上，随时都可以遇到一些波折和风浪。这些不幸和幸运都会或多或少影响我们的家庭、工作或者生活。如果我们因为这些意外之事增添了心理负担，甚至给我们的生活带来影响，我们也无法体味到快乐和幸福。所以我们面对这些波折的时候应做到不忧不惧，建立强大的心理防线，我们的内心也会变得更加沉稳和坚固。

释放自我，轻松自在地前行

无所事事并非宁静，心灵的空洞就是心灵的痛苦。

——库柏

在社会体系中，每个人都会对自己有一个清晰的定位。有人用衣服、装饰品、金钱等定位自己的人生价值。他们用物质定位成功，拥有得越多，存在感越强。一个人拥有了金钱，就想得到相应的地位；爬到高位，就想受到人们的美誉；享有到美誉，就想拥有其他的装饰品。这样的人想要的东西越来越多，是因为他们在心里没有安全感，想用外物来填充自己的生活。

拥有的越多，人的心灵会越富足吗？其实不然。物质充裕的人有钱有权，却在钩心斗角中蝇营狗苟，时刻担心自己哪天落个悲惨的下场，这样的人即使拥有锦衣玉食活得也并不轻松。一个人之所以活得痛苦，就是因为想要的东西太多。这也想要，那也想要，恨不得所有的荣耀、财富、地位、成就都收归已有，却不知追求越多，失望也越深。人的精力有限，能力有限，能做的事有限，所以能够得到的东西也有限，什么都想要的结果往往是一无所获。人要想获得轻松与拥有物质的多少无关。轻松自在的生活其实是一场心灵体验。

一对父子要去城里卖粮。老人比较沉稳，但是年轻人却是一个急躁的人。这天清晨，老人将粮食套在了马车上，两个人开始赶路。儿子雄心勃勃，一心想早点赶去集市，将粮食卖个好价钱。但老人却十分悠闲，不急不慢地赶路。

走了一段路，老人提议停下来歇一会，儿子却不愿意歇。他拼命地用鞭子抽打马儿，催促马快速赶路。老人说："孩子，放轻松些，这样你才能活得自在。"儿子却不听。

又走了一段时间，天气变得很热，儿子更加烦躁。老人却一边欣赏路边的野花，一边赞叹清澈的河流，高兴处还会哼起小曲。儿子不愿意浪费赶路的一分钟时间，就对父亲抱怨说："难道闻花香比卖粮食能赚钱吗？你这么悠然，我们会错过卖粮的好时间的。"

父亲笑了。他只说："放轻松些，孩子，你要学会释放自我。"

孩子听了，也学着父亲放慢脚步，欣赏身边的美景。他开始觉得草地那么鲜绿，花儿正开得娇艳，将心情放松更能体味到生活的真谛。这时，儿子对父亲说："我懂您的意思了。"

其实，生活本身是一种体验。我们不仅需要体味挣钱的欢愉，还要体味闲适的乐趣。生活的乐趣绝不是不停地快跑，而是在身心安闲中明白自己何时奔跑，何时自在地慢走。我们保持一颗不急不缓的心，让自己把握住动与静的时机，在焦躁中沉静，在浮躁中淡定。在轻松闲适中，人才能看清自己内心的真实状况。

生活需要烈酒的激情和浓烈，也需要清茶的幽香和淡然。在这个欲望复杂的生活环境中，贪婪和诱惑会不时进入我们的工作、家庭和生活中，我们在欲望的驱使下低头赶路，都忘记了自己内心真正需要什么。这时，我们不妨从杂乱无章中抬起头来，清除那些繁乱的物质，远离利害和荣辱，带自己走进一个心境澄明的境地。这可以帮助我们减轻心灵的重担，还有助于我们修得心灵的通透。

静观自己的内心，消除杂念

> 心灵的房间，不打扫就会落满灰尘。蒙尘的心，会变得灰色和迷茫。我们每天都要经历很多事情，开心的，不开心的，都在心里安家落户。心里的事情一多，就会变得杂乱无序，然后心也跟着乱起来。有些痛苦的情绪和不愉快的记忆，如果充斥在心里，就会使人萎靡不振。所以，扫地除尘，能够使黯然的心变得亮堂；把事情理清楚，才能告别烦乱；把一些无谓的痛苦扔掉，快乐就有了更多更大的空间。
>
> ——史铁生

在这个嘈杂繁乱的世上生存，我们的心多多少少会受到诱惑和影响。有人因为际遇受挫觉得上天不公平，有人因为这个月工作业绩良好沾沾自喜，有人因为工资不高生活窘迫失落悲观，有人因为做了一笔大生意洋洋得意。在得与失中，我们的心理也会发生很大的变化。这是我们心理最真实的感受吗？

其实不然，人获得的物质生活越多，心中就会生发强烈的不安全感，内心随时处在紧张的状态。我们害怕失去已经拥有的东西，又担心得不到期望得到的。在诚惶诚恐中心灵很难得到安宁。那么，即使我们拥有丰裕的物质生活，心理却得不到一点安慰，又有什么意义呢？所以在快节奏的生活中，我们更要时时关照自己的内心。

面对外面纷扰的变化，很少有人能不受到影响。这不是让你放弃对美好生活的追求，也不是让你不去主动追求你想拥有的东西。而是想告诉你，面对繁杂的社会需求，你可以多一些自省和自知，多一些冥想和清澈。静下心来关照自己的内心，发现我们在急促的生活中没有觉察到的自我和本真。

一个孤儿院中收留了一个十三四岁的孤儿，这个孩子叫宏斌，他头脑十分灵活，很讨院长的欢心。大家决定好好栽培这个伶俐的孩子。

这个孩子对院长、老师尊敬有加。院长平常向这个孤儿讲授一些做人的常识和道理，他领悟能力很强。宏斌和院中的其他孩子一起上课，学东西也很快。但是，院长也渐渐地发现这个孩子心浮气躁。院长鼓励他，夸赞他几句，他就在其他小朋友面前炫耀自己的才华，不把其他孩子放在眼里；他一旦领悟了一些道理，也会在其他孩子面前一遍一遍地讲解；他学会了几个公式，就拿着自己写的作业到处炫耀。院长批评他几句他就会难过、伤心。院长对宏斌的行为十分不满，决定找个机会点拨他。

一天，院长拿来一份昙花送给宏斌，并让他观察这个花卉盛开的状况，并及时向院长汇报。宏斌拿到昙花后，就守在这盆花前不断地观察花朵盛开状况。过了一天，宏斌就欣喜地跑到院长宿舍向院长说：“院长，您送给我的这朵花是在夜里开放，花朵十分漂亮并且香溢满屋，但是一到早上，这朵花就闭合了花瓣。”

院长听了，微微一笑，对宏斌说：“这朵花晚上绽放的时候，吵到你了吗？”

宏斌说：“它绽开和闭合的时候都是静悄悄的，并没有吵到我。”

院长温柔地说：“我还以为它开花的时候声响很大，吵到你了，你来炫耀一下呢？”宏斌一下子怔住了，他低下头对院长说：“院长，我明白了，我一定改过。”

我们在生活中也会像这个孤儿一样，受到别人的夸赞，就到处炫耀自己，受到别人的冷落就悲伤难过。这样的人往往心浮气躁，沉不下心来做事情。而真正有学识的人，不见得去张扬、炫耀自己的成果。

其实，即使我们比别人多拥有智慧、美貌、财富，如果没有富足的心灵，也如同昙花一现。因为别人的批评恼羞成怒，因为别人的表扬而欢喜的人，他的内心是虚弱的。如果你一直活在别人的眼光和口舌里，就很难活出真实的自我。

一个心灵富足的人，会时刻关照自己内心的想法，为自己而活。受到批评和指责，回去反躬自省，受到别人有建设性的建议，就会想着去采纳，对于别人的恭维，会淡然一笑，对于领导的表扬，会继续努力。这样，随时对自己的内心进行审视，随时在心中进行情感和理性的权衡，从而避免迷失自己的本心。

静心自省，消除内心的浮躁

> 假如自负、虚荣心或愤怒使人失去了恐惧，或者使他不听从心的劝告，这种心理便应该采取适当的方法消除掉，应该使他稍稍考虑一下，降低火气，三思而后行，看看眼前的事值不值得冒险。
>
> ——约翰·洛克

在生活中，常常会听到这样的抱怨：我们的工作环境不利于自己施展才华和抱负；父母不了解我们的想法，常常逼迫我们做不想做的事情；朋友不理解自己的感受……于是想换个环境、想结交新的朋友来改变现在的状况。这些所谓的不如意，和我们的心理感受有很大的关系。这些不如意，归根结底，是因为我们内心涌动的浮躁。

一个人心理浮躁，会导致大脑缺乏分析事情的能力，内心缺少对自我，以及社会的认知。自然会觉得时时处处不如意、不称心。人们总是迅速地看到眼花缭乱的商品、高高在上的权势，却看不到自己的心理也在慢慢膨胀。比如我们遇到一个经常跳槽的人，被问及原因的时候，他们会回答说工作和自己的专业不适合，人际关系繁乱不好相处，或者是在这个工作岗位上不能创造自己的价值。事实上，当我们为自己寻找借口的时候，就是站在一个外在的立场上看待这个问题。如果我们能正确地审视自己的内心，会发现最根本的问题是自己内心浮躁，沉不下心做事情。如果我们不能认识到这个问题，跳槽便会成为工作中的一种常态。

比如在公司的季度考核中，你期望自己拿到优秀员工的奖励。因为这一段时间，你觉得自己很努力，工作业绩也很高，很有希望拿到这个奖励。但是名单公布的时候，你落选了。被选上的却是一个不起眼的同事。你觉得不服气，因为平时你很少听到领导夸奖她，你觉得她没有什么突出的业绩，你觉得她很多能力不如你。于是，你对她产生敌意，说话时会冷嘲热讽，和她合作的时候也经常挑毛病。领导又会批评你，说你不注重团队合作。这时的你会怎么办？如果你内心浮躁，就想一股脑儿把内心的怨气说出来，辞职走人。可是，这样的结果真的能让你开心吗？是你内心最期许的吗？

再比如，你和朋友一起吃饭，你先点了菜。等了半个小时，旁边的人都吃完离席了，你的菜却一个也没有上。这时你等得不耐烦了，就冲服务员发脾气，大声嚷嚷或者骂饭店经理。事后，我们是否回想，这样做我们到底值得吗？

其实，每个人心中都会有情绪和理性的斗争。一个人心浮气躁就很容易被情绪控制住理性，做出一些自己不想做的事情。美国的精神学家弗洛姆说："以自己的意识、自己的愿望和感知看待世界，世界就是什么颜色。"比如卑鄙的人看谁都是卑鄙的，烦躁的人看到谁都觉得厌烦。而内心淡定的人看到的会是美好的世界。所以，一个人被外界的事情烦扰，那么他的内心就会受到困扰。静心自省，从容淡定的人，他的心理也会是宽大的。

人生就是如此，一个人内心安宁沉静，就会多一些从容。外面下着大雨，有人会匆忙赶路躲雨，心中还咒骂这场雨破坏了自己的好心情。而有人却在雨中慢慢散步，欣赏雨带来的清新和凉爽。所以，我们与其一天到晚追逐那些令人眼花缭乱的海市蜃楼，不如静下心来审视自己的内心。当我们遇到问题的时候，不是抱怨别人的不好或者环境对自己的影响，而是好好检查自己的内心是否太过于浮躁，自己是否太过于急功近利。如果有，我们不妨先沉下心来，关照自己的本心，这样才能找到问题的根源。

许多的浮躁情绪是因为我们无法打开心胸，用一种狭隘的思维去审视生活，感触人和事，结果自己的心性也被人和事所左右。真正的自我不需要为自己找借口，也不需要抱怨生活不公正。做人需要用开阔的心境承载生活的烦恼，只有我们的心境开阔了，才会装满各种各样令人烦躁的事情，然后自己慢慢地消化。

烦恼因心而生。我们不必介意不如意的烦扰，不要变成一个一被刺就跳起来的心理动物。内心强大的人懂得放开自己的心灵，静心去除内心的浮躁，便会接纳更多的幸福。

不要活在他人的口舌里

> 人的心理本有一个自我价值的认定。我们通过做一些事情来认可自己的能力和水平。然而，这个自我认可是有局限性的，它一旦受到旁人的非议和诽谤就会产生自我怀疑，甚至自我否定。其实我们并不需要以别人的标准来衡量自身的价值，也不需要以虚伪和不真实来填充内心。淡然、理性地面对生活，看得清自己，才能自由自在地做真实的自己。

我们做事情想问题，除了有自己的意愿外，还会在意旁人的看法，他们的承认，是我们实现自我价值的一个重要考量。

但是，生活中会有这样的情况，自己的想法不敢直接表达出来，想做什么事情却不敢去做，我们将这种心理矛盾归结为恐惧、担心或者害怕。其实这是我们太在意别人的眼光，害怕成为别人舆论的话题，就约束自己的行为，不敢放开手脚去做。

人的心理本有一个自我价值的认定。我们通过做一些事情来认可自己的能力和水平。然而，这个自我认可是有局限性的，它一旦受到旁人的非议和诽谤就会产生自我怀疑，甚至自我否定。当外界的理论进驻到心理，我们很有可能会颠覆自己的价值观念。这种现象心理学家归纳为一种心理失衡。

人们受到他人或者外界事物的影响，而失去自我判断意识，就会跟着别人的言行、判断表现出与自我意识不相符的行为方式。面对这种情况，我们要学会从心理上审视自我，坦然地面对自己。活在他人口舌上的人，往往很在意他人的说话和观念，而将自己的意识摒弃在外，最后却失去了自我。

有一群人出去游玩，路上一个人不小心掉进了枯井中。这口井十分深，井里又黑，这个人觉得自己浑身疼痛，双脚没有一点儿力气。他的朋友在井外找来一条长长的绳子准备把他拉上来。这个人双手拉着绳子，在朋友的鼓励下慢慢爬到了井的上端，这时，借着光线，朋友们看到这个人双手布满血迹，眼神疲惫，就忍不住议论起来。

“他的手是不是断掉了？”

“他是不是不能爬上来了？”

“他要是死了，家中的人不知道该怎么办啊！”

井中的人受到非议，也觉得自己受伤严重，可能爬不出这口深井了。这时他又听到有朋友说：“他平时身体健康，肯定能爬出井。”“我相信他能爬上来。”听到朋友的鼓励，这个人又有了斗志，慢慢爬出了深井。

当一个人太在意别人的看法，自己的意念就会受到他人的左右。别人鼓励他，他就有了动力，别人非议他，他就失去了方向。他将自己置身于别人的话语中，却忽视了自己的真实处境。活在别人口舌中的人，自我感知和自我意识能力容易失衡，他们随着别人的看法左右摇摆。这些人会因别人的称赞沾沾自喜，也会因别人的批评而落寞悲伤。我们之所以会受别人言论的牵制，是因为他们失去了自我认知能力，从心理上不能正确地认知自己。

其实，每个人看问题的角度都不一样，你从这个角度看，他从那个角度看，看到的就是不同的面。如果我们按照甲的观点做甲，听了乙的意见又去做乙，再听丙说了意见又去做丙，那么这个人永远都找不到自己的真实面貌。他就不可能知道自己会做什么，能做什么。

如果我们每天都跟着别人的眼光行事，追逐一些自己看不清的事物，就很容易在别人咀嚼后的残渣中寻找一些营养。我们要想在工作中发挥自己的价值，就不能在意别人怎么想，在意别人怎么看，这样很容易束缚我们的思维和能力，最后却什么也发挥不出来。如果我们在交际中，在意别人的眼光，任何事情都听从别人的意见，就不知道自己想要什么，想做什么。

人生各有各的乐趣，并不需要以别人的标准来衡量自身的价值，也不需要以虚伪和不真实来填充内心。如果一个人只是想通过别人的认可来证明自己存在的价值，那么他即使得到太多都没有意义。相反，真正内心强大的人不因自己能力不足或者心理弱小，得不到他人的认可而难过，他们不会在意自己能否得到别人的认可，不会用他人的认同来为自己的价值加码，这样的人才是内心真正强大的人。能坦然面对自己内心的人，就不会被欲望束缚，也不会被他人的思想左右。淡然地面对生活中的非议，理性地面对生活，我们看得清自己，才能自由自在地做真实的自己。

恬淡之处，才是生活真正的玄妙所在

> 如果我们始终不停地追求奢华的生活，那么不断膨胀的欲望就会蚕食我们的灵性，挥之不去的烦恼会将我们包围。何不过得自然而然，抛弃困住心灵的形式，无得也无失，平静恬淡，这就是幸福生活的归宿。

现代人对“平淡”有很深的误解，觉得“平淡的生活”就是清淡和贫苦，就是要去受罪。可你想过没有，并不是拥有几件奢侈品就能令我们精神上富有，也并不是要住在欧式装修的大房子里才能让我们的心灵充盈。停下你匆忙的脚步，有时候一顿家常的晚餐，一张简单的祝福卡，一条简单的短信，就能够使我们的内心充盈，给我们的生活传递幸福。

我们往往忽视了越是浓厚的味道消散得越快，越是清淡的味道越是持久。我们也越来越难正视愤恨、惆怅的情怀，它并不是从平淡生活中产生，而是喧嚣热闹、声色犬马中产生。就挑选食物的口味来讲，虽说是众口难调，但是很少有人不喜欢红烧口味。原因就在于红烧口味的菜滋味够浓够厚，也够悠远绵长。基于同样的道理，人们也喜欢烈酒，喜欢五光十色、灯红酒绿的生活。那些清淡的蔬菜，或是纯净水因平淡最易被忽视。

有一位游吟诗人，他的一生都在和各种各样的交通工具、各式各样的旅馆打交道。他不断地从一个地方旅行到另一个地方。旅途的间歇，他的落脚点就是旅馆。之所以这样，当然不是因为他没有为自己买一座房子的能力，只不过，他选择这样的生存方式。

他在旅途中度日，也在旅途中创作。为世界的文化艺术做出很大的贡献。后来，他日渐年老体衰，为了嘉奖他的贡献，政府决定免费为他提供一所住宅，谁也没想到他仍然拒绝了，理由十分简单：不愿意为打扫房子之类的麻烦事耗费精力。就这样一位游吟诗人在旅馆和路途中走完了自己的一生。

在他去世之后，朋友们来为他整理遗物，此时大家发现他留下来的物质财富只有一个简单的行囊，里面装着让他随时便于创作的纸笔和几件简单的衣物。与这个简单的行囊相比，他留给世界的是一笔无法估量的精神财富——十卷优美的诗歌和随笔。

这位诗人的一生实在纯粹。不需要在人前扮笑脸，没有推不掉的应酬，更不会有赶不完的场子。人生过得清淡而有意义，既没有太多不必要的干扰，又没有太多欲望的压迫。

我们每个人来到这个世界时，在生命的伊始阶段都是无忧无虑的，因为我们需求的东西少，负担更少，所以得到很多快乐。随着成长，我们想得到的东西会不断地增加，我们对生活的要求不断地提高，同时，各种各样的负担和烦恼也由此而生。除了不断索求要得到的一切，我们再也无暇去想自己过得是不是快乐。到了最后，终于开始关心自己的内心、向往平淡生活，然而生命的脚步早已越走越远。

五光十色的生活，迷乱的不只是人们的眼睛，还有人们的心。在KTV和朋友一起开怀畅饮，酣畅淋漓，可是欢聚之后面对的只是空荡荡的包厢，没有饮尽的残酒，杂乱的果盘，震耳的音乐和混杂的欢笑声似乎还在耳边激荡，可是转瞬间就消散得无影无踪了，只留下你在角落品味落寞。一群人的狂欢到了最后留下来的却只有你一个人的孤单。

与繁华恰恰相反，恬淡之处蕴藏着生活的真正玄机和奥妙。就像一杯清茶，表面上滋味清淡，但却精巧绝伦、韵味悠长。

如果我们始终不停地追求奢华的生活，那么不断膨胀的欲望就会蚕食我们的灵性，挥之不去的烦恼会将我们包围。何不过得自然而然，抛弃困住心灵的形式，无得也无失，平静恬淡，这就是幸福生活的归宿。

内心的简约决定我们幸福的维度。不必和曾经的同学比较各自住什么样的房子，开哪里产的轿车；不必和同事争谁这个月业绩好，工资高。这些看似绚烂的东西，谁能在人生的尽头全部带走呢？这些反而会像浮云一样，随着生命的终结慢慢散去。

流光溢彩、光彩熠熠并不能满足人们真正的需要，你的生活能够指望这点点光芒来支撑吗？不能。我们的生活所能倚靠的，只有内心收获的真正甘甜。生活不需要很奢华，拥有一颗淡泊而又平常的心就可以演绎幸福生活。

当你用一颗平常心去对待生活时，你就会看淡一切的惆怅悲恨和孤独困苦，珍视身边的真情与幸福。平淡生活就犹如明月清风一样来去不觉。如此，生活就会自在而又真切。

开启追寻幸福的静心之旅

> 不论你是身居繁华都市，还是悠闲安静的田园；不论你喜欢灯红酒绿，还是对清茶古韵倾心，都要时刻关注自己的心，问问自己的心想要什么。心灵沉静自会处事安然。生活在喧嚣吵闹的都市中的人们，才会更加懂得静心的弥足珍贵。

我们每天都奔忙不停，为了什么？我们的生活早已超越了温饱的追求，而我们永恒追求的，总是离不开幸福二字。可是幸福究竟在哪里？再富贵华丽的筵席，总有曲终人散之际。我们想尽一切办法要抓住这繁华，却无法抓住永恒，任何的繁华在时间面前都是那么无力。

留住内心的幸福感不能靠霓虹灯下的买醉，更不能像个购物狂一样沉溺于一掷千金的快感。必要的金钱可以保证你的生活，而不当使用金钱只能让你放纵生命，麻醉灵魂，不会教会你珍惜生命中的点点滴滴。幸福感来自内心的平静，拥有一颗平静的心，一颗感恩的心，感激生命，感激阳光雨露，才能帮助你忘却曾经的苦痛。幸福是一份内心的安定，不为利驱，不为名逐，看花开花落、云卷云舒的恬淡安然。

一个人安静下来后，可以选择静坐一会儿，让内心宁静的力量把心中的想法过滤得澄澈，于喧闹的都市中觅得一份从容。将心灵腾空是获得沉静心灵的一个很重要的方法。让焦虑、恐惧、紧张、内疚等消极情绪搬离自己的心房，为欢愉腾出空间。只有欢愉和喜悦才会缓和人们的压力和负担，让生活还原真趣。如果做不到静下心来，腾空心房，一味地被人事纠纷困扰，不仅于事无补，反而会画地为牢，将自己困死在愁闷之中。

关于腾空心灵，有这样一个故事。这天夜里，一个商人在床上翻来覆去睡不着觉，他的妻子被他吵醒了，就问商人："你怎么了？有什么烦心事？"

丈夫听到妻子问他，就苦恼地说："你还记得三个月前我因为要进一批器材，向左邻右舍借了一笔钱，当时和邻居约定了归还日期，明天就是归还的日子了，可是我没有足够的钱还给他们。如果我还不上钱，不知道邻居会怎么看我？我现在一想到邻居来要钱的神情就睡不着。"

妻子说："你不要胡思乱想了，明天或许会有其他的办法。"

丈夫叹了口气说："我们家现在一分钱都没有，怎么还上钱呢？明天也不会从天上掉下一笔钱啊。"妻子听到丈夫这么说，就对丈夫说："明天没有钱，你现在翻来覆去，也不会掉下一笔钱。不如踏实睡一觉，明天再想其他的解决方法。你没有钱还，邻居也不会把你生吞活剥了。"丈夫听了，觉得有理。就静下心来，安心地睡了。

这个故事为腾空自己的心灵，转移烦恼提供了一个活范本。很多问题，我们在当时是无力解决的。不是时运，不怪他人，现实条件摆在这里，一切的天时地利人和都告诉我们，不是解决问题的时机，那我们还要为了这个问题纠结、苦恼吗？有时候，有一点点阿Q精神是制造心安的良药。

心中烦闷不堪的时候，就做几组深呼吸，轻轻地闭上眼睛，告诉自己："不要怕。"然后慢慢睁开眼睛。感受这些句子中的魔力，而且要真正相信这股魔力，不要让我们的心仍彷徨在恐惧和烦恼之中。

很多人有失眠的困扰，到了晚上临睡前，觉得全世界的重担都压在我们肩膀上，甚至担心各种各样的忧虑会偷偷进入我们的梦里：租房合同快到期了，去哪找一间符合心意的房子？新上任的主管总是百般挑剔，我怎么才能把计划书写得完美一点儿啊？白天面对的问题在头脑中转个不停，搅乱我们的睡眠，而且越想越是睡不着。

其实，我们的生活本不至于让人如此焦虑、烦躁。再多的焦虑除了让你睡眠质量降低，导致第二天的工作效率降低，不会对解决问题有任何帮助，只会影响你的判断力和执行力。何不静下心来，通过休息养足精神，第二天用最佳的状态迎接生活的挑战？

不论你是身居繁华都市，还是身处悠闲安静的田园；不论你喜欢灯红酒绿，还是对清茶古韵倾心，都要时刻关注自己的心，问问自己的心想要什么。心灵沉静自会处事安然。生活在喧嚣吵闹的都市中的人们，才会更加懂得静心的弥足珍贵。

生命的本身是宁静的，只有内心不为外物所惑，才能不为环境所扰。虚华与热闹，只会徒增内心的烦恼，平和清净才能够内心澄明，让我们得到自在和解脱。

第六章 心境：放开心，生命有无限可能

在人的一生中，大多数人倾尽一生找寻幸福感，找寻宁静的内心。于是，我们不禁要问，究竟如何探寻、诉求以得到这种宁静的心境呢？古人云："一笑千秋事，浮世有危机。"放开心，甘愿付出，欢喜接受。生命不在乎贫穷富有、职位高低，就看能否选择全心投入，即使是平凡的人，都可能因为对生命的尊重和热爱，而变得不平凡。

与消极的情绪绝交

> 我们心中有两个不同的能量区，一个是愤怒，一个是正念。保持内心的澄明，学会放下，才能激活内心的正能量。
>
> ——埃伦·兰格

1997 年 12 月，英国报纸刊登了一张英皇室查尔斯王子与一位街头游民的合影照片。这张照片的刊登引起了社会不小的热议，原来查尔斯王子在冬天去拜访伦敦穷人区时，与自己的老校友克鲁伯喜剧性的相逢了。克鲁伯见到王子时说：“王子殿下，我们曾经就读同一所学校。”

这句话引起了周围人的好奇，王子的校友怎么会沦落到街头呢?

原来，克鲁伯曾有着显赫的家世和傲人的学历，但他在两次婚姻都以失败告终后，情绪有了很大的变化，开始经常性地酗酒，最后由一名作家变成了街头游民。

说到这里，我们是不是也该问一下，婚姻失败两次的人不在少数，为什么有些人从贵族沦落为游民，而有些人照样追逐着明天的生活？有些人也许会窃声说，克鲁伯是不是用情太深，让人抛弃，心里受不了这个刺激啊？其实，不管什么原因这个问题都不难回答，他的失败来自消极心态，从他放弃阳光心态那刻起，他就输掉了一生。

因此，当一个人遭遇困难或不如意时，一定要提醒自己保持愉悦的心情，持有良好的心境，这种做法不是自欺欺人，而对自己内心的一种暗示，以避免当前的困境对你造成的神经刺激，避免压抑情绪下做出错误的选择，如此一来，你可以在健康情绪的感染下，内心会充满理智和乐观的正能量，这种能量的积聚，将会自然地消解负面情绪的坚冰，化解内心的不安和纠结。

其实，在每个人的内心深处都有一种能量，这种能量有负面的，比如茫然、不安、焦虑、纠结，我们称之为浮躁的负能量，这种能量是我们获得幸福和成功的绊脚石，使人心浮气躁，让人一事无成，甚至会引发各种心理疾病，让人越来越狂躁。可以这样说，我们的一生就是同这种负能量做斗争的过程。只有克服或戒除了这种能量，我们才能收获坦然、喜乐的随性生活。

正如一个禅味故事中讲的那样。一个小和尚给后院的空地上种谷子，想等到秋天的时候收获，但是在播种的时候，种子却被风吹得四处飞扬，小和尚很焦躁地告诉老禅师："可恶的大风把我的种子吹得到处都是。"而老禅师淡定地说："没什么关系，吹到哪里最后都会落到地上，落下来还是会生根发芽的，随性吧。"

可是没过几天，小和尚发现一群麻雀飞来在地上啄食种子，小和尚又不安起来，"这下完了，种子都被麻雀吃了。"老禅师笑盈盈地说："没事，种子本来就撒了很多，小鸟吃不完的，随遇吧。"

此事不久，下了一场暴雨，小和尚禀报老禅师："这下全完了，谷子都被大雨冲走了。"老禅师坦然地说："冲哪算哪儿，在哪儿都可以生根发芽的，随缘。"

半个月之后，原本光秃秃的山坡上都长出了青苗，小和尚高兴地直拍手，而老禅师一边看着经书，一边坦然地说："随喜！"

瞧瞧，老禅师淡然的心境和小和尚的浮躁心理一目了然。老禅师的平常心看似随意，其实却有洞察世间玄机后的豁然，也正因为老禅师有这种超然的心境，才能远离浮躁，克服内心最大的敌人——浮躁，所以他生活得淡定而坦然。

因此，无论你想要获得幸福快乐，还是要获得成功，你必须拭去内心深处浮躁的暗尘，才能收获内心的安然与自在。

现在就有人要问了，我也想有这样的修为，可是我做不到啊，明明糟糕的事情已经发生，你叫我如何淡定。

我要说的是，这个时候你就要学会控制自己的内心，学会调节自己的情绪，看破人世的表象，懂得智慧的生活。

在我认识的很多人里面，当他们遇到不顺心或内心压抑的时候就用唱歌或是吹口哨的方式来排泄内心焦躁不愉快的情绪。当他们在吹口哨的时候，吹着吹着，心情就会好起来。有个朋友患病多年，每次病痛来临的时候，他就用唱歌来缓解身体的病痛。他唱着唱着就像换了个人似的，突然就变得精神焕发起来。这就像平时我们听到有些女孩子在心情不好的时候疯狂购物或是不停地吃零食一样，寻求一种情绪的转移，让自己度过灰暗的情绪控制。当然，像疯狂购物和吃零食这种方法我是不赞成的，因为这种行为盲目地浪费了钱财，损伤了身体，对积极的生活助益不大。

而有些人在每逢心情低落的时候，会拿出一面镜子，然后不断地审视自己，寻找自己美丽的地方，纵然这份美丽是比较微小的，她也会为自己的“臭美”所开心。

其实，与其获得别人的安慰或是寻求医生的帮助，最简单、最有效地让自己快乐的方式就是自寻快乐。或许你在前一秒心情还是低落的，但是，经过与自我的一番对话，告诉自己要快乐，下一秒或许你就是世界上最快乐的人。

当然了，上面所说的一些方法只是众多方法中所常见的，其实每个人都会有一套最适合自己的情绪转移和控制之法，只要你在生活中留心积累，你就可以从每天的烦琐中，每一个不安的情绪中找到脱身消极、压抑的方法。

浮躁的人往往不能脚踏实地，什么事情都浅尝辄止，不愿深入下去，最终的结果就是时间花了不少，结果一无所成。内心不顺畅，心理长期处于压抑的人，对什么事情都不会有太大的兴趣，长期将问题埋在心里，既损坏了身体，又无益于生活。

有时候，你会觉得发个小脾气、承受一些压力、为某些事焦虑没什么大不了，然而这种负能量的累积，就会像一颗定时炸弹，随时会酝酿爆炸的危险，最终会让你的情绪崩溃，从而诱发各种情绪疾病，毁掉你的生活和事业。倘若你平日稍微留心一点儿，你就可以将这些情绪早早疏散在萌芽状态，从而避免诸多的悲剧。

有这样一句格言："不怕摔下去，就怕摔下去之后浮躁起来，怨天尤人。"看过这句话之后，相信很多人都能明白其中的意思。但是，在现实生活中却很少有人能在跌倒后，勇敢地爬起来，坦然地面对一切。浮躁往往会让人得不偿失，保持清醒的头脑，才是最明智的选择。

所以，从此刻开始，我们务必要保持一颗愉悦的心情，这种积极的生活态度，能使你心平气和地处理身边的事情。摒弃浮躁，释放内心正能量，学会坦然面对这个世界。不管面对什么样的境遇，不管挫折多么伤人，我们也不能浮躁；不论事情多难缠，也别坏了心情，精心思考，踏实行动，才是明智的选择。

放低自己，人与人之间就平了

> 心怀谦虚，把自己放在一个很低的位置，才能获得更高的能量。每个人，都有自己的优势所在，认真听取别人的建议和意见，才能不断提高自己。以谦虚的心态面对事业，才不会被以往的辉煌所羁绊，才能不断向前。生活中，心怀谦虚，行事低调，才能领略生活的大智慧。

对每个人来说，博爱绝对是一种非常重要的精神。在我看来，这种爱首先意味着对他人的尊重，之后会是这种爱延伸出来的人与人之间爱的衔接。每个人都是这个社会的附庸，一个人不能缺失自信和骨气，但千万别太高看自己，否则自己会太拿自己当回事，造成目中无人，从而让自己人际艰涩，寸步难行。如果一个社会无处不存在敌意，那么这个世界的人就会有一种孤独无助的绝望感。

一个孤独的人，一个与世隔绝的人，将会以自己特有的思想和方式破坏掉价值标准，一个人只有生活在相互联系的世界里，生活在一个融洽和谐的大环境中，才能发挥他巨大的建设性的力量，在这种愉悦的环境中，他才会积极地做事，乐观地对待别人。而内心由此散发出的阳光、宁静的正能量又会给整个社会带来安定。

社会和人的气场是相互感染和传递的，比如你和一个德望很高，知识渊博的人在一起，你会受到他的熏染，变得高尚、有智慧；你和一个鸡鸣狗盗，偷奸耍滑之人在一起，你的内心就他会受到他的浸染，变得不再纯正。相同地，一个民风淳朴的乡里其民众几乎都是善良和正义的，当然也有极个别的人会跳出这种圈子。

举这些例子，就是要跟大家说明一个道理：一个浮躁的社会是由无数不淡定的人组成的，一群不淡定的人造成了一个社会的不安定。

因此，别低看自己，也别把自己看得太高了。放低自己，你和他人之间的距离也就拉平了。正如莎士比亚所说的："一个骄傲的人，结果总是在骄傲中毁灭自己。"可见，过于高调的人非但没有获得想要的气势，结果还伤害了自己的人生。假如你自认为是个人才，那么最好不要太过骄傲张扬。虽然这个时代有无数气场很足的"hold"哥"hold"姐，但你应该清楚一点，自己有多大的实力，能做什么，不能做什么。

别想当然，把自己当成了盖世无双李元霸，实际生活中却是一个衰人。人前一出手，要不就是兜老底，要不就是跌个鼻青脸肿，甚至性命堪忧，那可就太悲催了。

记得以前读过一个日本修行者来中国法门寺拜会一住持的故事。

有个修行者，不远万里，从日本来到中国法门寺，求住持点拨迷津。修行者对住持说："我潜行修行，一心想在丹青方面有所突破，好歹找了那么多老师，就没有我满意的。"

住持问："这么多年你就没有遇到一位让你满意的？"

修行者懊恼地说："唉，都是徒有虚名，有些道行挺深，但丹青还不如我，有些勉强凑合，但是自己都说不出一个所以然来。"

住持听完，淡淡一笑，说："老僧也不甚精通丹青，但平日收集一些名家之作。既然施主这么多年求师不得，自认造诣也不凡，那就烦请替老僧留一副墨宝吧。"

说完吩咐小僧准备了笔墨纸砚，然后说自己喜欢品茗饮茶，对造型流畅的茶具很喜欢，让修行者画一个茶杯和一个茶壶。

"这还不容易吗？"修行者听完铺开纸，寥寥数笔，一个倾斜的水壶和一个造型典雅的茶杯就跃然纸上。水壶的壶嘴正徐徐吐出一脉清茶，注入到了茶杯中。

住持看罢，微微一笑，然后摇摇头，说："此画确实不错，只是茶壶和茶杯放错位置了。应该茶杯在上，茶壶在下。"

修行者哈哈大笑，说："大师您糊涂了啊，哪有茶壶在下，往上面的茶杯倒茶的啊？"

住持不急不忙地说："这个道理你懂得！你渴望自己的杯子注入丹青高僧的香茗，但你总是把自己的杯子放在了那些茶壶上面，香茗如何注入你的杯子呢？"

一句话说得修行者面红耳赤，恍然大悟。

不知道放低姿态，就找不到自己的合适位置。不懂得谦虚，就不会有事业更大的进步。放低自己，就是给自己一个更大的发展空间，这种空间来自内心的境界。

现实生活中有很多人由于不愿意放下架子，导致心里纠结，生活艰困。这时候，你千万不要忘了调适自己的内心，让自己拥有化解问题的能量和淡定处世的心境。

每个人都有自己的优点和缺点，人们对自己的优点都相对很自豪，也很自信，但一味地沉溺于自己的长处，却不懂得弥补短处，就会羁绊前进的脚步，止步不前，甚至倒退。

那么，我们如何正视和解决自己的短处呢？现实中，有些人面对自己的短板会觉得手足无措，有些人会纠结不已，有些人甚至会选择逃避，自暴自弃。这类人基本都是生活的弱者，没有明智的处世手段，也没有超然的心境。无法定位自己，也就无法定位自己的人生。其实，你完全可以放低姿态，这样才有机会让别人悦纳你，让幸运接纳你。

正如 M 公司一位职员。这位职员是个"海龟"，留美的计算机博士，毕业后在美国找工作，一直没能找到心仪的工作，经过一段时间的思想斗争，最后决定回国。

开始时他的期望依旧很高，但每次投简历都如泥牛沉大海，偶尔有人抛来橄榄枝，但几番面试后都会不了了之，那段时间他的心情非常不好。后来，经过剖析自己，他觉得这一切都是因为自己所谓的身段造成的。于是，他决定去一家电脑公司做程序录入员，这明显是大材小用，但此时的他毫不觉得委屈，对工作一丝不苟。后来，老板发现这位员工不但输入从来不出差错，每次都能发现程序中存在的漏洞或错误。在老板的问询下，他亮出了自己的学士证，于是老板给他换了一个对口专业的工作。

又过了一段时间，老板觉得这个员工总能提出一些有建设性的意见，而且相当专业，远非一般大学毕业生所能及。此时他给老板看了自己的硕士证，这次老板给他升职又加薪。

半年过去了，这段时间老板觉得他的技术水平和见识是其他员工中所少见的，再次和他进行了一番深入的交谈，此时他拿出了留美时的博士证，这下老板算是重新认识了他，当下决定提拔重用他。

这个例子能给无数职场上纠结的人带来新的启示，我们往往端着架子，端着学历，却在不经意间丢失了获取人气和职位的资本。如果能心境淡然地对待生活，也许你能更好地把握自己，也能让别人更快的认识你、尊重你、接纳你。一个骄傲的人很容易脱离周围的人和事，把自己孤立起来，把自己的心囚于樊笼之中。

这个社会需要协作，也需要用实力去证明自己，千万别高高在上，以为自己有多了不起，了不起不是自封的，而是别人给你戴上的花环，要想让人给你戴上这顶花环，你就得放低姿态，你就得学会谦逊。当你以低姿态示人时，别人才会将你看得一样高，这种愉悦的人际，更能使你的心境坦然，更能使你踏实前进。

做事要高调，做人切记不要太张扬，骄傲是人生的毒瘤，你最好早点切除！

拥抱希望，才能看见幸福的曙光

> 要学会把你的精力集中到你能改变的事情上，不要为那些你不能改变的事情担忧。
>
> ——克雷恩

在每个人的人生路上，总会遭遇这样那样不如意的事情。正所谓不如意才是生活，也许每件事都不会像你当初想象的那么糟糕，只要你有面对的勇气，内心有涌动的正能量，阳光的心态定能驱散世界阴暗的一面。但是你的眼睛要是只盯着黑暗的角落，那么你就会在不断地抱怨世界的黑暗，以至于让自己的内心也沉郁而灰暗起来。

生命中谁没有个挫折、苦难，与其选择悲观，不停地抱怨，不如选择乐观，积极地面对生活。如果我们不能改变环境，至少我们可以改变处世的方式。就好像我们无法左右天气是阴雨连绵还是阳光普照一样，只要我们内心通达，能够控制好自己的心情，让自己有个好心境，选择微笑地面对生活，那么，我们每天都是快乐的，即使生活中有很多的磕磕绊绊，我们一样能坚强地面对。

因此，生活中我们更多的是要学会变通，这个变通不仅是处世的手段，也是抚慰心灵的一种方式。做到内心的一种豁然，就会迎来坦然的生活，正确的选择会是美好心境的一种折射和延续。

莎士比亚说："不要因为一次挫折就放弃你原来决心要达到的目标。"心存希望，把挫折当作一次旅程，在旅程中多走点弯路不过是多见识领略一些美景罢了，对一个人的人生又有何妨？没有任何一个人的人生道路是一条直线，也没有任何一个人的一生都走在平坦的道路上，坑坑洼洼、曲曲折折、有上有下，这就构成了丰满的人生。多一份生活的体验，你就会多一份人生的智慧。

曾听人说起过这样一件事，有两个同事一起去医院做体检，拍了X光片之后，其中一个是肝硬化，而另一个没有发现什么问题。可是在整理体检资料的时候，护士却不慎将两人的光片材料装错了袋子，最后他们拿到了相反的诊断结果。结果患病的人觉得自己身体没什么毛病，心情舒畅，后来生活和工作也很惬意，一段时间之后竟然好了起来。而拿到错误报告的人却抑郁、沮丧、狂躁不安，结果反而真的生病了。

我们平日也会听到，或是在网上看到一些人诟病心灵类书籍，说这些书就是教你装傻，就是教你自欺欺人，等等，可事实却是，当你的内心能够积极地对待某件事时，得到的结果和消极地对待时却是截然相反的，正如上面这个例子中的两位同事，本来有病的人却因为情绪的改变让身体恢复了健康，而健康的人却因为心理原因导致身体亮起了红灯。

这真的就像平日我们听到的那句话：积极的人，像太阳，照到哪里哪里亮；消极的人，像月亮，初一十五不一样。确实如此，有什么样的心态，就有什么样的人生。

我把生活比作一道大餐，酸甜苦辣五味俱全，你喜好吃什么，那都是自己的选择，没有人会强行往你嘴里塞东西。选择什么，我们便得到什么滋味。选择积极得到开心，选择抱怨得到糟糕，选择消极得到失败……有什么样的态度，就决定了有什么样的人生。

有时，心存希望，就一定能有奇迹发生。

回想当年汶川大地震，无数人被无情地掩埋，在我们紧张地祈祷和积极地救援中，一个个生命奇迹般的生还，都说黄金72小时，可是80小时，甚至100小时后，不断地有生命惊喜出现，这既有求生者的希望，也有救援者的希望，因为大家不放弃、不抛弃，用心与心架起了生命的桥梁，美好的心境来自心存希望的强大内心，在永不磨灭的勇气面前，在强大的生存欲望定能打败任何困境，迎来生命的曙光。

一个人的人生可以平淡，却不能没有了希望，哪怕是生命的最后一刻，也要憧憬美好的未来，坚持下去，相信度过当下的苦难就一定能看得见幸福的曙光。

就像两个一老一少相依为命靠弹琴卖艺为生的盲人一样。当有一天，老者病倒了，自觉无法支持下去时，他将小盲人叫到跟前，握着小盲人的手吃力地说："孩子，我可能撑不下去了，我这里有个智囊，可以让你重见光明，我把它藏到琴里面，你必须弹断1000根琴弦方能取出，否则你就看不到光明。"

接下来的日子，小盲人谨记盲人师父的遗嘱，每天不停地弹，从一个孩童弹到了中年，一直弹到垂暮之年，当他弹断第1000根琴弦时，他再也按捺不住内心的渴望，双手颤抖地打开琴盒，取出智囊，求人帮他看看智囊里装着什么。

可是，当别人看完之后告诉他，里面只有一张白纸时，已经垂暮之年的他笑了，笑得很坦然，很知足。

他为什么笑了呢？原来，他体会到了师父的良苦用心。虽然锦囊里只是一张白纸，但是他从小到老弹断1000根琴弦后，却体悟出了人生真正的内涵——只有活在希望里，才能见到光明。

有希望的人，他的人生就不再孤单；有希望的人，他的人生就不再迷茫。有了行动的目标，你还会为生活一点点的困扰而纠结吗？

希望就是点亮生命智慧的明灯，就是茫茫大海上的一座灯塔，能指引我们前进的方向，也能带我们走出生命的困境，为我们迎来曙光。

人生可以没有很多东西，但唯独不能没有希望，就像伏尔泰说的：人类最可贵的财富是希望。希望是我们生活中最大的力量，只要心存希望，生命就能生生不息。

所以，请一定保护好我们心中希望的那盏灯。

因为怕失去，才让人生太累赘

> 人年轻时都是在用加法生活，但是到一定层次时，要学会用减法生活。你的心灵如果被所得堆满，最后就会累于得。
>
> ——白岩松

面对寒风中双膝跪地瑟瑟发抖的乞丐，你把一元钱放进了他的破碗里，你失去了一元钱，但也许这一元钱能让他吃一顿饱饭，失去一元钱对你的生活不会带来任何的影响，但是饥寒的乞丐却找到了生存的希望。

当一段感情无法维系的时候，你们选择了分手，虽然你失去了一段曾经梦寐以求的感情，但是你却为彼此的明天做了一次重新的选择，给对方一个空间，也给自己一片全新的天地。看开点，你失去了这份无法拥有的感情，也得到了最珍贵的人生阅历和一份成熟。

失去固然可惜，但一定不要颓废，否则，这样的失去成本太高昂了。但是，在生活中你也没必要把神经绷得太紧，什么都怕失去，以至于有些神经兮兮。

正如，有人在面对爱情时，会有这样一种表现，非常害怕失去，当恋人出差在外，或是其他原因不在身边时，心里就会有些恐慌的感觉，甚至晚上睡觉都会出冷汗，甚是难熬。

有人面对淘气的孩子会觉得手足无措，非常担心孩子经常逃课，担心和其他同学打架，担心成绩不如别人的孩子好……有时候甚至在想，能不能 24 小时的待在孩子身边，自己也不工作了。

有些人担心失去自己的工作，面对社会激烈的竞争和金融危机带来的失业潮，每天提心吊胆地在工作，生怕有个疏忽会成为失业的对象。

有些女人怕失去青春，担心自己不再美丽，担心生孩子会失去姣好的身材，担心丈夫会出轨，也担心孩子出生后的教育，等等。

可以看出来，这类人不在少数，害怕失去是他们的共同特点。那么，他们为什么害怕失去呢？

首先，是自信心不足。做一件事，不必在意别人说三道四，只要坚信自己是正确的，就义无反顾地往前走；爱一个人，无须在心中横攀竖比，每个人都是这个世界上的唯一，就看你能否真正地接受。不要畏惧明天，自信、坚强、勇敢是洒在你心田的阳光。

其次，就是心理能量太弱，不能正确对待身边的人和事，对人生没有通达透彻的领悟。其实，每个人所拥有的一切终将会失去，因此，你没必要过分担忧，闹出杞人忧天的笑话。你该做的是把握当下，珍惜现在所拥有的，太过担忧只会让你的心更累，让你的人生更累赘。

社会的快速发展，让身处大都市的很多年轻人都觉得心头有一种不安全感，于是拼了命地追逐，不承想，想到手的没到手，不想要的身体亚健康、心灵迷失、颓废等问题却接踵而至。

当快乐离你的生活越来越远时，内心就犹如掉落万丈深渊，自己剩下的除了内心不断地纠结和形影相吊、自怨自艾之外，还有什么呢？

当这种负面情绪困扰你的时候，你站在繁华的闹市，低头窥视自己的心底，那将是一道肆意蔓延的绝望，你根本看不到方向，也找不到下一站的出口，这是你想要的生活吗？

我想，没有人愿意过这样的生活。

如果此时你能给自己找到一个旁若无人的宣泄空间，不需要理由，只需要大声地将内心的惆怅和烦躁呐喊释放。这种排除心理负能量的方法不需要人懂。

此时，有人会说，怕失去，是因为太在乎。这话一点都不假，但是这不能成为影响你心情和生活的理由，否则，这样的在乎还不如不在乎呢。

佛教中有个菩萨以身喂虎的故事，是讲菩萨看到老虎找不到食物，饿得很可怜，出于对生灵的怜悯，愿意将自己作为老虎的食物。

这个故事在凡人看来是很荒诞、愚蠢的，一个人连自己的生命都能舍去，他还能得到什么？

没错，菩萨之所以成为佛家至尊，就是因为有这种凡人或常人难以想象的博大心胸，他在失去的同时同样得到了，他得到的是最终成佛，为天人师，广度众生。

没有人愿意失去自己的东西，更没有人愿意主动去吃亏。不过，内心不淡定，生怕失去的人，失去的更多也更惨。如果我们仔细观察那些贪婪无厌，喜欢占便宜的人，其实到头来真正吃亏的还是他，一时的利欲熏心，结果成了赔了夫人又折兵的冤大头。

中国有这样一个民间传统故事。一天，阎罗王对两个小鬼说："你们两个可以到人间投胎做人了，我手里有两个名额，一个是投生为一辈子忙着给别人东西的人；一个是一辈子都从别人那里拿东西的人，你们愿意做哪一个啊？"

小鬼甲抢先跪下来说："阎王老爷，我要做那个一生从别人那儿拿东西的人。"小鬼乙只能让步，选择了一生都要给予别人的那一个。

阎罗王也不迟疑，抚尺一振，宣判道："下令小鬼甲投胎到人间做乞丐，到处向别人要东西吃；小鬼乙投胎到富裕厚德的人家，时常布施周济别人。"

很常见的个故事，每次看来都有点忍俊不禁，然后却也给人带来不一样的心灵感悟，生怕得不到，生怕失去，总想着拿，却成了乞丐，害怕吃亏，却"捡"了个大亏。

现实生活中，人人对生活都有一种美好的向往，憧憬自己可以得到幸福、健康、财富、成功、地位，并为能够得到这些而不懈追求着，即使你拥有了自己认为快乐的东西，但你不一定会有预想中的快乐，因为它还不够好，也不够多，而此时，你惦记的是更多、更好，紧攥手中的快乐，生怕失去，这就造成了患得患失的情绪。

我们可以做一个这样的假设：一个相当富有的人，转眼之间，所有的财产都付诸东流，从前所有的努力都化为乌有，巨大的不幸面前，他能不纠结吗？这时候，人往往容易丧失理智，从而产生悲观厌世的心理。

其实，生活的目的就是为了追寻一种快乐的成长，无论你得到什么或失去什么，最要紧的是珍惜当下所拥有的，积极地成为力所能及的自己。但不要强求，也不要苛求，凡事要努力去把握，也要顺其自然，正所谓强扭的瓜不甜，强行克制自己的内心，必然会得到内心的反叛，到头来鸡飞蛋打什么也得不到，反而让内心更加的纠结，人生更加的苦累。

放开心，知足心安就是福报

当你能够感觉你愿意感觉的东西，能够说出你所感觉到的东西的时候，这是非常幸福的时候。

——西伦

《佛所行赞》卷五中所说：“富而不知足，是亦为贫苦。虽贫苦而知足，是则第一富。”是贫？是富？在于我们懂不懂得知足，能不能够在当下的生活中，寻找出一片自在清淡的人生。

现代人的生活，基本都是围绕赚钱和功利来展开的。挣了十万想百万，挣了百万想千万，甚至赚了亿万还不知足；当官的做科长想升处长，升了处长想局长，甚至想去当总统，当不上总统做个总统秘书也乐意。这种无休止的欲望，导致一个人心浮气躁，根本就没有心思去做事，由此就滋生出了贪腐，“曲线救国”，靠一些小伎俩上位，最终却落得个身败名裂，愚蠢之极！

知足心安才是福报。古人云：“无所为而为，善而不居，能得心安。”这是告诉我们身体力行的做一些力所能及的事，一些对自己心灵有帮助，对他人有助益的事，真正纯善的灵魂，来自于真诚的付出而不是获得，是奉献而不是占有。

古代一个药铺买了头驴，因为店铺名气大，生意好，所以药铺每天要磨很多的药材。这样一来驴每天都要干大量的工作，为了节省时间，白天药铺都不给驴吃更多的草料，对此驴很生气。

一天，掌管牲畜的神——谷神下凡巡视，驴子抓住机会去申冤，说自己的主人不给自己足够的饲料，而且工作量太大，每天都特别的劳累，希望能摆脱目前的困境，另外找一个主人。于是谷神说："你的主人还是不错的，给你舒适的窝，给你提供可口的草料，下一个主人未必有现在这个对你好，到时候你会后悔的。"不过，驴子铁了心的要重新选择。谷神于是给它安排了新的主人——一个泥瓦匠。

没过几天，驴子就发现这里的工作更劳累，运送砖瓦比在药铺里的活要累几百倍，驴子又开始抱怨了，请求再换一个主人。谷神很无奈，告诉它这是最后一次帮它了。于是驴子又去了新的主人——皮匠家工作。

驴子到了皮匠家立马就傻眼了，它发现自己简直掉进了一个魔窟，这里是令无数动物恐惧的地方，随时都在等待被主人唤去宰割或者折磨死。

它悲叹，之前的工作能让它掉皮，这次的工作却是将我的皮剥掉赚钱。

这头驴难道就是我们传说中的蠢驴？

我们是不是从这头驴身上也能看出一个道理来：一个人倘若无法放开自己的心，不知足，是可以找到无数个理由的。比如抱怨收入太低、职位不高、工作琐碎、工作量大、房子太小……

人的欲望就像一个无底洞，永远都不可能填满的。一个人即使赚了千万，赚了亿万财富，如果心被贪欲驱使，照样无法享受富足的快乐。

就正如有人问老禅师："你可有什么与众不同的地方？"

禅师答："有。"

"是什么呢？"

禅师答："我感觉饿的时候就吃饭，感觉疲倦的时候就睡觉。"

"这算什么与众不同的地方，每个人都这样的，有什么区别呢？"

禅师答："当然是不一样的！"

"为什么不一样呢？"

禅师答："他们吃饭时总想着别的事情，不专心吃饭；他们睡觉时也总是做梦，睡不安稳。而我吃饭时就是吃饭，什么也不想；我睡觉的时候从来不做梦，而且睡得安稳。这就是我与众不同的地方。"

禅师继续说道："世人很难做到一心一用，他们在利害得失中穿梭，产生了'种种思量'和'千般妄想'。他们在生命的表层停留不前，这是他们生命中最大的障碍，他们因此而迷失了自己，丧失了'平常心'。要知道，只有将心灵融入世界，用心去感受生命，才能找到生命的真谛。"

由此可见，真正做到放开心，才能得到心安，才能享受平常心的超然。这需要修行，也需要磨炼。

其实，要想内心惬意、快乐，就无须在意太多，只需记住下面这两条就足矣：

首先，每天从你身边发生的事中找到可以令你满足的元素。一旦你发现和收集到这个信息，你就会感到一些快乐，然后你可以享受由这些快乐元素带给你的快乐。有生活智慧的人都知道一件事，就是当你不断地玩味沮丧的事，你的心情就会愈加的沮丧；而当一个人在发现快乐的事时，就会感到满足、相对的快乐。通常情况下，你认为的烦恼、沮丧、焦虑、纠结的事都是由你本人制造的，而能化解这些问题，带来心理愉悦的也是你自己。

其次，不要去想那些遥不可及或是海市蜃楼般的事。要知道，你不知足，是因为你无法达到你所企及的高度，你无法达到而想达到就会让你的内心纠结不安，这就是放不开心，束缚内心的根源。只有停止这种妄想，你才能充分利用自己已有的优势，获取让自己快乐和满足的生活。这样一来，你就会将快乐建立在现实的基础上了，无论从现状还是内心都会完全不同。

说到这里，有人会觉得放开心，就是让我不操心，不作为了？

千万不敢这么想，要不那就真真切切成了谬论了。

为了避免误读，最后我要说的是：知足不是让你不上进，安于现状，不思进取，而是让你在烦躁的情绪中，在繁杂的世事中，给自己的灵魂找到一个出口，让自己内心安适，俯仰无愧。如若心不安，何来幸福？

假使心安了，纵使过着清贫的生活，只要心灵自在，知足而心安，天天都是好心情，每天都是好日子。否则，假使就算坐拥豪车豪宅，不知足，也不回馈社会、福利大众，深陷贪欲之中，又如何能听到自然的纯美之音呢？又如何能体会到生命的美妙真谛呢？

一念之转，幸福可及

心灵是自己的地方，在那里可以把地狱变成天堂，也可以把天堂变成地狱。

——希尔顿

大多数人都相信，通过自己的努力，可以拥有某种能力、某种经验，掌握某种技术或拥有某种地位，在此之后，他想要的一切包括快乐的生活都将如期而至，这样他可以更加快乐的生活。因此，他们绞尽脑汁、筋疲力尽，任时光匆匆溜走，他只在乎的是未来。如此的追求，也许有一天期待的幸福会真的降临到他的头上，可是当得到所谓幸福的时候，自己也许觉得只是办成某事的一种满足感，而找不到一丝欣喜的快感。

好心境是大多数人梦寐以求的，想拥有美好的心境，你就得把握好情感流通的渠道，让情感得以正常的流露、宣泄，这样才能让幸福触手可及。否则，你只会输了时间，输了生活。

一个人，也许可以在口头上逃避感情，但在实际生活中无论如何是逃避不了的。正如历史长河中，文化的每一次焕发生机，文明的每一次提升，都来自于精神力量的作用。对于人类而言，情感不是令人羞涩难以启齿的东西，也不是辅助性的次要物质，而是和人们生活、情感息息相关的，是合理并存在着的，是每一个人必须重视和尊重的人性最尊贵的部分。

当然，情感不可能随意宣泄，一念之转，不是让你任意的旋转，人生经不起太多的折腾，情感也禁受不起随意的发泄，因此，必须要将它加以规范，进行恰当的疏导。

古时候，一位老和尚的弟子总爱抱怨。有一天，老和尚派他去集市买一袋盐。弟子回来后，老和尚吩咐他抓一把盐放入一杯水中，待盐溶化后，喝上一大口。弟子喝完后，老和尚问："味道如何？"弟子皱着眉头答道："咸得发苦。"

于是，他领着弟子来到了湖边，让弟子将盐撒到湖里，然后说道："再尝尝湖水。"弟子弯腰捧起湖水尝了尝，老和尚问道："什么味道？""纯净甜美。"弟子答道。"尝到咸味了吗？"老和尚又问："没有"弟子答道。老和尚点了点头，微笑着对弟子说道："生命中的痛苦是盐，它的咸淡取决于盛它的容器。"

在老和尚的启发下，那个爱抱怨的弟子明白了一个真理，同样是一包盐，当溶于一杯水的时候，咸得十分难受。可是当其溶于一湖水的时候，却丝毫尝不到咸的滋味。由此，这也给我们一个人生的启迪，现实生活中虽然有不少的烦恼与痛苦，但只要能换个角度去思考，能够放宽心怀，把以前认为特别严重的事情看淡，一念之转，往往会从放不下的困扰中得到解脱，此时，我们的心境便会出现奇妙的改变，我们就会从烦恼和忧愁的生命状态中摆脱出来，转变为幸福、喜乐的无悔人生。

你活着累吗？幸福吗？其实，换种活法，有时累也是一种幸福。

人是一种感情动物，感情于人而言，是一种负担，也是一种超然。

幸福不过是一种感觉罢了，当你觉得伤心了，失望了，郁闷了，不要怨天尤人，先好好审视自己的内心，到底是什么事、什么情况、什么人让你不痛快了，如果是可以改变的，你就要去改变，如果改变不了的，你就学会去面对。因为，这个世界唯一不变的就是改变，让自己成为自己想要成为的人，和自己的心灵成为朋友。

有位爱哭的老太太，每逢下雨她会哭，可是当天晴的时候她也哭，成天哭哭泣泣的，到底是什么原因呢？

原来，他大儿子是卖雨伞的，小女儿是卖面粉的。天晴的时候她担心儿子的雨伞没人买，遇到下雨的时候，她又担心女儿的面粉会受潮发霉。所以，无论是天晴还是下雨她都会哭。

后来，她将此事告诉了邻居，邻居作为一个旁观者，笑着说："你改变不了老天爷天晴或下雨，但是你能改变你的心情。世间的事物都是变化的，好坏也不过是一念之间的事，你又何必那么纠结烦躁呢？如果你想着下雨天儿子的雨伞生意会很好，天晴的时候女儿的面粉店生意不错，你还会为这事成天哭泣吗？"

听完邻居的一番话，老太太笑了，从此她改变自己的想法，天天都心情大好。

这正是外在的风雨终有停止的一天，但我们内在的风雨却应该由自己去掌控。如果你安顿不了自己的身心，就会成为一个牢骚满腹、悲观郁闷的人。

也许这就是生活，有晴天也有阴雨天，面对不同的境遇，不同的人会有不同的心理反应，这完全取决于你的心态。一位精神病医学专家说："造成自己精神折磨和痛苦，影响一个人幸福的，并不是物质的贫乏和丰裕，而是一个人的心境。"如果把自己的心浸泡在困难、挫折、偏见、误解、后悔、遗憾等负能量中，不快乐的思绪就会占据你整个的灵魂，你必然会生活在痛苦之中。

说实话，我们几乎不可能改变这个不够理想的现实世界，但我们有能力改变自己。我们不会因为幸运而变得强大，但我们会因为强大的内心变得幸运。只要你的心态改变了，痛苦也可以变成一种幸福。面对生活，只要你能露出会心的微笑，生活就没法折磨你的内心。

古人有句话说得好："祸福无门，惟人自召。"幸福是一种心态，你有什么样的内心能量，就会有什么样的生活，一念之转，生活迥异。

所以，幸福就在一念之间！

持平常心才得清净心

> 即使是一件微不足道的平常事件，像在与别人的争论中，迫切地希望打败对方，以证明自己是对的，都是由于“小我”对死亡的恐惧而引起的。如果你以你的观点自居，把你的观点等同于你的“我”，当你错的时候，你这种以思维为基础的自我感就会严重受到死亡的威胁。所以你的“小我”不能承认错误，错误就等于小我的死亡。
>
> ——埃克哈特

平常心，一个每天挂在嘴边的词，却有几人真正能透彻其意，能践行其内涵呢？

首先我做不到，所以，我用这么常见的一个词来提醒自己也提醒更多人。

都市上班族几乎都是早上匆匆起床，匆匆洗漱，匆匆出门，边走边吃早点，还得挤车赶点上班，到了单位你得加紧时间做那些永远都忙不完的活，稍有迟缓你还得加班加点，否则你就掉队了……这就是所谓的生活快节奏吧。

说起这些，我的情绪也开始紧张了起来。其实，现代人大多数都是如此。就这样一种现状你如何能淡定，如何平常心呢？

有人说，心无杂念，将功名利禄看穿，将胜负成败看透，将毁誉得失看破，才能获得禅宗所说的“平常心”。

功名可以看透，现实的难关你得过，这就是为什么长期以来，心灵的平和成为我们追求的目标。说到底，无论事业有成者，或是达官贵人们，人人都渴望得到宁静的生活，享受心灵的纯真、静美。

其实，人生原本就很平常，正所谓平常心是道，说明平常心即是清净心。所谓的平常心，就是在我们的生活中，指的是我们在日常生活中经常会出现的对于周围所发生的事情的一种心态，是“不贪婪、无争、无为、知足”等观念的汇合，容纳了淡泊和忍辱等很多的概念，可以说是一种人生最聪明的处世哲学。

有一个学僧，来到法堂请示禅师：“师父，我经常念经打坐，每天都早睡早起，心无杂念，自认为在您的座下没有一个人比我更加用功了，为什么我还是不能如师父所说的那样开悟呢？”禅师听了之后没有说什么话，只是拿出了一个葫芦和一把粗盐，把它们交给学僧，说：“你出去将这个葫芦里装满水，然后再将手中的粗盐放进葫芦里面，让盐立刻融化在水中，你就能开悟了。”

学僧按照禅师教授的方法，没过多久，他就跑了回来，对禅师说：“那个葫芦的入口太小，当我把盐块装进去的时候，盐并没有化掉；我把筷子从葫芦口伸进去，又搅不动，所以我还是没有什么办法开悟。”禅师听了学僧的诉说，慈祥地说：“你一天到晚用功，不留一点儿的平常心，又怎么会有清净心呢？这样的你如同装满了水的葫芦，摇晃不动，搅拌不得，如何能够融化掉盐，又如何开悟呢？”

禅师所说正是佛家关于平常心的精髓所在，养心如弹琴，当心弦绷得太紧的时候，就会断掉，太松的话又不会出什么声音，只有平常心才是根本，才能获得清净之心。当今社会，不管是物品的价格还是对于某人的评价，人们大都习惯用金钱作为衡量的依据，越贵重的东西就被认为是越有价值，越有钱的人就越被认为价值巨大。在这样的环境之中，人们失去了平常之心，还何谈什么清净之心呢？

正所谓持平常心才得清净心，一个人只有在生活和事业中保持一颗平常之心，才会拥抱清净，体会到人生最美好的境界。很多时候，人们恰恰忘记了这一点，双眼被形形色色的功名利禄所诱惑，使得自己丧失了平常之心，让内心变得不再清净，以至于生活之中缺少宁静的幸福和美丽。

从前，有一位有钱的太太在法国巴黎旅游，在市中心的一处花园里面看见一个老头正在修剪花草。那个老头工作起来非常专心，忙里忙外，那一丝不苟的敬业态度，足以说明他是一位非常好的园丁。那位阔太太自己拥有一座花园，她想：这个法国老头真的很好，勤劳敬业，可谓是百里挑一，这样的园丁在美国花大价钱也很难找到，今天既然碰巧遇见了一位，为什么不把他请到美国打理花园呢？

这样想着，她便走近那个法国老头，问他愿不愿意去美国，在她的私人花园里面做园丁，她会支付给他比现在高三倍的工资，当然，吃饭、住宿以及旅费的问题都会给他解决。阔太太为了能说服那个法国老头，更是卖力地将美国如何发达、如何美好大大地吹嘘了一番，把那里说成了一个遍地黄金的地方，去了那里的人都会发大财。

法国老头听完阔太太的话，非常有礼貌地说："亲爱的夫人，我非常感谢你的好意，但是现在我非常不方便，我还有一个职务在身，这让我不能离开巴黎。"阔太太立即说："那你就辞去那个职务好了，我会重重补偿给你的。另外你还有什么兼职，还从事什么副业？是送报纸还是饲养奶牛？"

法国老头微笑地说："都不是，我希望法国人在下次选举的时候不要投我的票了，这样我才好接受您的美差，跟着您去美国。"阔太太一怔，不明白这个老头的话是什么意思，她问："什么投票？难道在法国连园丁也要投票吗？"那个老头摇着头说："不是的，夫人，我的名字叫安里，我这个园丁现在还兼任着法国的总统。"

一个法国总统还有当园丁的雅兴，这种平常之心给我们留下了足够的震撼。可以说，正是因为怀有这份平常之心，总统的内心才是清净的，能在花园中服务，能在面对阔太太的邀请之时幽默地回应，功名利禄，在那一刻都成了所谓的尘土，被清净之心掩埋在了心底。

拥有平常之心，才能体会到满足是一种快乐，内心才会因此而清净。一个人懂得满足，懂得在人生中适时地休憩，也是一种智慧的体现。拥有平常心的人才能体会到放弃也是一种幸福，是人生的一种境界，是反复掂量的一种慎重选择。

持平常心，要求我们淡泊名利，宁静致远，笑看人生，包容身边的一切。当然，平常心不是要求我们把什么都看淡。生活需要我们保持平常之心，这样我们才懂得取舍，人生才会有屈伸，我们才能在喧嚣的社会之中获得宝贵的清净之心。

人平平淡淡而来，也应该平淡而去，生命如同一条潺潺流淌的河，既有平静的时候，也有波澜壮阔之时，既有峰峦叠嶂的壮美，也有一马平川的柔情。拥有一颗平常之心，我们才能收获清净心，才懂得满足，学会放弃，淡泊生活；才能理解别人，善待自己，享受生活。

看淡得失，方能悠然自得

愚蠢的人向远方寻求快乐，聪明的人在脚下栽种它。

——欧本海姆

现代社会的喧嚣，已经让很多人心中充满了无所适从感，时间在身边不停地穿梭飞腾，每个人都成了全力追赶时间的人，但是时间奔跑得太快了，人们在追赶中慢慢地丧失淡然的情怀。其实说到底，宠辱不惊、悠然自得的生活才是最美丽最幸福的。世界之大，并不缺少淡然的美好，只是缺少那份悠然自得的情怀。

一青年向一禅师求教。“大师，有人赞我是天才，将来必有一番作为；也有人骂我是笨蛋，一辈子不会有多大出息。依您看呢？”“你是如何看待自己的？”禅师反问。青年摇摇头，一脸茫然。

“譬如同样一斤米，用不同眼光去看，它的价值也就迥然不同。在家庭主妇眼中，它不过做两三碗大米饭而已；在农民看来，它最多值 1 元钱罢了；在卖粽子人的眼里，包扎成粽子后，它可卖出 3 元钱；在制饼者看来，它能被加工成饼干，卖 5 元钱；在味精厂家眼中，它可提炼出味精，卖 8 元钱；在制酒商看来，它能酿成酒，卖 40 元钱。不过，米还是那斤米。”

大师顿了顿，接着说：“同样一个人，有人将你抬得很高，有人把你贬得很低，其实，你就是你。只要你看淡得失，有自己的观点，那么你的灵魂就会愉悦，你才能清醒地认识到自己的人生价值。”青年豁然开朗。

大师借用一斤米的价值，向青年传达的正是一种宠辱不惊、悠然自得的生活智慧。一个人，不管得失如何，不管别人如何评价，只要内心淡然平静，就能正视自己，在此基础上规划自己的人生，不因别人的褒贬而患得患失，更不会因为拿不起放不下而心生烦恼。

所谓宠辱不惊、悠然自得，并不一定要有具体的行为表现，也不一定要借此达到什么具体的目的，很多时候只要心中悠然自得，那么一草一木都能成为美丽的风景，风风雨雨也是一种安然的享受。生活中，我们往往单纯追求结果而忽略了享受生命的乐趣：譬如工作，如果你悠然自得地去做，而不是把它当成赖以生存的依靠，那么重复的日子一定不会那么枯燥乏味，得失也不会让你大悲大喜；再如旅行，如果你倾心于沿途的风景，而不单单将思维限定在某个区域或景点，那么你的旅途将变得更加轻松愉快。

人生也是一个旅程，如果你悠然自得地面对，不管路途多远，都是幸福而饶有情趣的。有些人像陶渊明一样悠然地生活着，采着菊花，伸个懒腰，吟唱出自己的志向；有的人像“竹林七贤”一样悠然自得地生活着，不为世俗礼法所束缚，能够坦然面对人生；有的人则像李白一样悠然自得地生活着，将自己的心灵放任于大好山河之中，自在逍遥任我行。

让自己悠然自得地生活，忘记功名利禄上的得与失，像闲云一样自由飘荡，如鱼儿一样嬉水潜游。人生短短几十年，活着容易，生活则不容易。成功的精彩应该是不被束缚的以悠然自得的形式获得的，不计较得失，才能保持头脑的绝对精彩，才能解决面对的一切事情。

当然，悠然自得地生活，不是放弃一切名利和物质生活，假如没有足够物质上的支撑，连最基本的温饱都成为问题，那又何来悠然呢？

生活中的我们需要悠然自得，春天赏花秋天赏月，夏天听风冬天赏雪。这份悠然自得的人生意境能够让我们时刻感知到生活的美好和幸福，能够让我们在宁静中体会到意志的能量，从而做好自己的事情，抓住属于自己的幸福。

另外，悠然自得的淡然生活方式也不意味着放弃自己的主见，人云亦云。假如为了悠然自得而丧失自己的道德底线，那么最终也不会享受到真正的淡然。

淡然的人深谙舍得之道，自然也就心有悠然，做到宠辱不惊，不管身处何种境遇，面对什么样的困难和挫折，依然微笑着面对，宁静地应对，这是一种人生的最高境界。

别让心太累，活出真实的自己

> 生活永远不像我们想象的那样好，但也不会像我们想象的那样糟。
>
> ——莫泊桑

大多数时候我们都是生活在自己虚构的世界里，是在为将来、为计划而活着。然而岁月无情，不经意间我们已走向了生命的终点，此时才恍然醒悟：我一直都憧憬着未来，纠结于得失，计较着失去或不如意的事，却没能踏踏实实地享受当下一刻的温情。由此我们成为未来的“规划师”，却成为眼下的低能儿。

我们为了梦想的一套房子，准备着，为了一个可爱、聪明的孩子准备着，为了更高的收入准备着，为了更高的职务准备着，为了退休后的生活准备着……可是，我们却把眼前的美好时光蹉跎了，把心中的爱人变成了“黄脸婆”，却依旧为了未来而期许着、等待着，把一切的美好放在了明天。

诚然，生命有出发点，当然就有终点。

虽然生是人生的起点，死是生命的终点，但每每提到死亡谁都会感到有一股不寒而栗的可怕，为什么我们对一无所知的死亡感到恐惧，而不介意活着的时候是否舒心？

既然如此，我们就应该用开阔的心胸去面对死亡，观照死亡，体会死亡，善待生活，善待身边的人，在有生之年活得更美好、更充实。

当今社会，我们每个人都在与不同的人接触，每天都要在地铁或是公交上遇到众多擦肩而过的人，每天的生活中，你也许有许多无法容忍的事或人，其中也许就包括你对门的邻居。我们仿佛只活在自己的世界里，如同蜗牛一般蜷缩在自己的家里，不愿意出去与外界接触，宁愿生活在自己的壳子里。

生命是用来愉悦的过生活，你何苦要这么对待自己呢？难道这就是你想要的生活吗？肯定不是这样的，你只是为了让自己避免受伤害，为了所谓的宁静生活，却走向了另一个极端，这种极端的生活不是让生活简单，也不是让自己心安，而是让心变得更累。

作家萨拉说："生命是一条美丽而曲折的幽径，路旁有妍花丽蝶，累累的美果，但是我们很少停留去观赏，或咀嚼它，只一心一意地渴望赶到我们幻想中更加美丽的豁然开朗的大道。然而，在前进的程途中，却逐渐树影凄凉，花蝶匿迹，果实无存，最后终于发觉到达一个荒漠。"

确实如此，生命的可贵不是用来寻找答案，而是用来面对生活，解决问题，用来愉快地过生活。

所以，用心过生活吧，把生命的每一天当成是最后一天，好好珍惜拥有的一切，这就是对生活最负责的态度，也是生命赋予我们的最大价值，否则活也是白活了。

我们先来看这样一个问题，如果你问犹太人："你们工作一小时可赚 50 美元以上，如果每天多休息一小时，一月就少赚 1500 美元，一年就少赚 1.8 万美元以上，这值得吗？"

犹太人会比你算得更快："假如一天工作八小时不休息，一天可赚 400 美元，那我的寿命将减少五年，按每年收入 12 万美元计算，5 年我将减少 60 万美元收入。假如我每天多休息一小时，那我除损失每天 1 小时 50 美元外，将得到 5 年每天 7 小时工作所赚的钱。现在我 60 岁，假设我按时休息还可活 10 年，那么 15 万美元和 60 万美元哪个更多呢？"这在犹太人看来是很简单的道理。

因此，在繁重的工作与良好的休息相冲突时，犹太人会毫不犹豫地放弃工作，选择休息。

不会休息的人是愚蠢的人！换句话说，不会关照自己内心的人更是愚蠢的。如果一个人长期处在一种高强度的压力下，或是极度的抑郁和压抑中，他的生活质量能高吗？他能找到生活的快乐吗？

生活的节奏越来越快，竞争也日益激烈，生活和工作中无止境的追求和欲望让我们承受着越来越重的压力，有很多人自愿不自愿地进入了亚健康的行列。处于现实社会洪流中的我们，既不能选择逃避压力，也不能无所作为，那就学会与压力相处，学会适当地放松心情，给自己减压，让自己拥有一个健康、惬意的人生。

现实压力对人身心的影响其实大家都略知一二，无须多谈，轻则会让人精神紧张，疲劳困顿，重则出现机体病变，甚至危及生命。在这样的现状面前，每个人的反应是不同的，有的人积极乐观，能够积极看待和理性面对；而有的人却在压力面前意志消沉、牢骚满腹，被压力折磨得内心纠结不已，甚至看不到人生的希望。

其实，生命的意义，不在乎你活了多长，而是你活得是否踏实，是否真实。如果只为了金钱、名利这些虚妄的东西活着，可以说，你的生活将是枯燥无味的，你的生命也就没有太大的意义。你充其量只是个储钱罐而已，这样的生活你想要吗？

别让心太累，学会关照自己的内心，你不是太刻板，也不是你不愿意放松心情，而是你用各种的借口阻挡了享受生活的念头，让自己一心沉溺在假设的妄念之中。那么，从现在开始，你不妨放下自己手头的工作，在一个阳光明媚的周末，带上自己的家人或是三五好友，去户外放松心情，感受自在舒畅的生活，这不但会使爱情、友情得到提升，更能消除你身体的疲劳，舒展身心，让内心惬意、顺畅。

说这么多，究竟有什么方法能使我们的内心不再纠结，能让我们的心不再受累，让自己活得快乐、健康呢？

(1) 别期望过高，给自己制订一个切实可行的计划。

给自己制订过高的目标计划，一旦无法实现，往往会对身边人产生反感，甚至敌意，对前途感到悲观失望，这种生活和工作的心态是极其可怕的。一个人的快乐，并非拥有的多，而是计较的少。要知道，舍弃不一定是失去，而是另一种更广阔的拥有。

（2）乐观的心态更有益于生活和事业。

现代心理学研究发现，当一个人的心情愉快时，整个新陈代谢都会得到改善。当一个人心情焦躁、烦闷、愤恨、忧伤时，就会产生很大的负能量。因此，积极乐观的心态是健康人生的基石。

（3）面对压力，要学会适度转移。

俗话说：别死扛着。这话没错，有压力不去正确疏导，你要死扛，只会把你压死。千万别干这种让身心受累的活，学着调整平和的心态，劳逸结合，寻找内心真实的声音，背不动时就放下，去户外做个伸展，做一次旅行，一次爬山，都非常有益。

（4）学会运用弹性思维。

心理学家通过跟踪研究表明，一个富有弹性思维的人，往往能冷静地应对各种变化，化逆境为顺境，变压力为动力。所以我们要学会运用弹性思维，抱着“车到山前必有路”的潇洒气概，为自己创造一个积极、有序、宽松、和谐的生存环境。

（5）不要自己给自己找罪受。

现实中有很多人对社会、对家庭、对自己都有不同程度的不满，便会在心中给自己施加很多层面的压力，甚至有些人喜欢在压力中生活，在压力中挑战，感到这是一种惬意的满足。但是，我们同样应该注意到一旦压力太大了，就会压得自己喘不过气来，久而久之会祸及自己的身心健康。

坦然面对生活中的一切

> 能以正确的人生态度去面对一次又一次突然袭来的挫折，才是成功者必备的素质和能力。这个道理很简单，没受过挫折的人，经不起重创。只有经历挫折的考验，我们才能站稳脚步，迈向成功。因此，挫折绝对是美好人生的基石！

倘若一个人总是处在压抑、烦躁、痛苦的心态之中，那么，即使不得绝症，无疑也会疾病缠身；然而，如果一个人以积极的心态去对待疾病，哪怕是绝症，他心灵的无穷潜力也会被激发出来，从而坦然接受现实，并努力地改变它，也许就会有奇迹发生。

近来，两个癌症患者接连在某肿瘤医院去世了，医院的气氛这时候显得压抑而沉重。许多住院病人有的茶饭不思，有的不肯打针吃药，情绪极其低落。负责这些病人的主治医生们很着急，连忙求助于心理医生。

做了细致深入的调查后，心理医生发现，癌症被很多病人视为绝症，是无药可治了，因此而伤心绝望。心理医生于是针对他们消极的心理编了一套“不必伤心”的劝说词：

“癌症并非不治之症。患了癌症有两种可能：一种是早期患者，一种是晚期患者。早期患者可以根治，你不必伤心。晚期患者也有两种可能：一种是经过治疗可以治愈，一种是一时未能治愈但还能活上几年。

可以治愈的当然不必伤心，能够再活几年的也有两种可能：一种是今后随着医学技术的发展可使症状缓解，存活期延长；一种是到时确实医治无效而死。存活期延长的不必伤心，医治无效嘛……不必伤心，因为你已经死了，还有什么可伤心的呢？”病人们听到这里都“扑哧”一声笑了起来。于是，笼罩在病房里的阴霾就这样被驱散了。

我们很多时候，就是因为把问题想得太悲观而看不到其积极的一面，喜欢钻牛角尖，从而增加了不少烦恼。这时候与其痛苦地哀叹，不如放松心情，想办法解决问题。

曾经有这样一个故事：

在一次战争中，家园被敌机给炸成了废墟，许多人在那里痛哭流涕，悲痛欲绝，其中唯有一个男子，从废墟中默默地捡出一块砖，又一块砖，放到一边——这是重建家园所需要的。他的行动影响了众人，大家不再哭泣，也默默地捡起来。

的确，我们在生活中会遇到许多次退潮，忧愁会成为生命中一时难以承受之重。达观安然的哲学态度是祛除这种沉重的一剂良方。另一剂良方就是行动，行动可以有效地转移我们的注意力。去积极地用行动改变我们的现状，行动会使我们找回自信和力量，行动也会直接产生实际成果，从而更加鼓舞我们。

人们心中一种美好的期待就是一帆风顺。“人世难逢开口笑，不如意事常八九。”作为自然的心理反应，忧愁烦恼是在所难免的，但我们不能沉溺其中。人需要尽快调整自己的情绪和心态，采取积极的行动来改变已遭破坏的生活。当我们从困境中走出来，再回头看时，会发现当初似乎要压垮我们的困难，不过是一片乌云而已。我们会庆幸自己及时地调整了心态，采取了行动。不然，境况依旧，甚至更糟。

总之，我们在挫折面前应有的态度是：驱散忧愁的乌云，坦然地应对生活中的一切变故。

成败、荣辱、福祸、得失、人生不如意十之八九。面对挫折、苦难，我们是否能保持一份豁达的情怀，是否能保持一种积极向上的人生态度。这需要博大的胸襟，非凡的气度。

在纷纷扰扰的世界上，心灵当似高山不动，不能如流水不安。在我们的漫漫人生中，要怀着一颗平常的心，即使是平庸的日子，平常的生活，平凡的人生，只要细细品味，也能品味出人生隽永醇厚的滋味来！

如果你珍爱生命，请你修养自己的心灵。人总有一天会走到生命的终点，千金散尽，一切都如过眼云烟，只有精神长存世间，所以人生的追求应该是一种境界。

好心境是自己创造的安慰

> 生活中不是没有美，而是缺少发现美的眼睛。
>
> ——罗丹

要想有良好的心境，就得保持简单的生活，不刻意去寻找那些特殊的快乐，更不要为突如其来的困难而困惑。要知道，金钱是买不来好心情的，我们无法控制天灾人祸，无法预料的不如意太多了，而我们能够掌握的只有自己，有些事只有亲身体验了，才能从中透彻地体悟真正的含义，而有些事我们在发生时能够保持淡泊心智，就能化解人世的艰困。

只有生活简单明了，才能享受人生的美满。就正如网络上有句话说得好：人世守住 30% 便好。高档手机，70%功能是没用的；高档轿车，70%速度是多余的；豪华别墅，70%面积是空闲的；社会活动，70%是无聊空虚的；挣钱再多，70%是留给别人花的。说得多好，生活简单明了，享受 30% 就足够了。

假如你极少存在不切实际的幻想，假如你学着去把握当下，从自身所处的世界寻找属于自己的快乐，你就会从生活中获得更多乐趣，就能享受人生更真切的快乐。

这样说，也许你觉得有点虚幻，听得云来雾里的，也许你会问，究竟什么样的生活才是简单的生活呢？我觉得，你可以随心所欲地畅想，在每个月朗星稀的晚上，独坐窗前，或是有爱人的依偎，耳边缓缓吹过的清风，看着远处如黛的朦胧青山，眼前飘过的车流和流动的霓虹闪烁，喝一杯清茶，难道这不是一种简单的快乐吗？

在忙碌了一周的周末，约三五好友，轻装去爬山，海阔天空，徜徉在山水美景之间，不也是简单生活的快乐吗？

忙碌过后的周末，陪爱人、孩子共享一顿丰盛的晚餐，聊聊生活的点滴，畅想未来的生活，不也是一件简单而快乐的事吗？

即使你是一位农民，当你忙完一天的农活，坐在田间埂头，看着丰硕的果实，看着远处牛羊悠闲地吃草，你心里是不是也充盈着无限的乐趣和满足？

是的，用美的眼睛寻找身边的美，当你用美的内心去感受这个世界时，这个世界就是你的天堂，这个世界就是属于你的乐园。

当然，你也可以尽情地抱怨爱人的不理解，孩子的不上进，社会的不公平，生活的劳碌，但是你不停地抱怨，只会让你的内心更加的拧巴，这样，你得到的也将会是面目狰狞的人和事，获得的将是不安的世界，躁动的心情和不和谐的生活。

一个名叫维克多 · 弗兰克的精神病博士曾经在纳粹集中营中被关押了很多日子，饱受了纳粹分子的凌辱。弗兰克认为这里只有屠杀和血腥，没有人性、没有尊严，那些持枪的人，都是野兽，可以不眨眼地屠杀一位母亲、儿童或者老人，他内心曾经绝望过。

这种无时无刻不在陪伴自己的恐惧，让他感到一种巨大的精神压力，集中营里每天都有人因此而发疯。一段时间后，弗兰克冷静地在想，如果不控制好自己的情绪，他也难以逃脱精神失常的厄运。

有一次，在去工地劳动的路上，他产生了一种幻觉：晚上还能不能回来？能不能吃上晚餐？鞋带断了能不能找到一根新的？这些幻觉让他感到厌倦和不安。于是，他强迫自己不再想那些倒霉的事，而是刻意幻想自己正走在前去演讲的路上，来到一间宽敞明亮的教室中，精神饱满地在发表演讲。

此时，他的脸上莫名地露出了笑容——难得一见的笑容，很舒心的笑容。

弗兰克发现这是久违的笑容，许多年了，它一直没有出现过。当知道自己也会笑的时候，弗兰克感到，他不会死在集中营里，他会活着走出这个魔窟般的地方。

多年后，他被解救出来时精神很好，这让他的朋友们很难置信，在如此的魔窟里还能保持如此好的精神状态，真的很不可思议。

这就是心境的魔力。怨天尤人是没有用的，它根本无法解决任何问题，只会给你的心情雪上加霜，遇到糟糕的事，不要一味地诅咒他人的罪恶，而是要想方设法拯救自己的灵魂。一个人的精神往往可以击败许多厄运。因为，对于人的生命而言，要想存活，只需一箪食、一钵水足矣。但要活得精彩，就需要有宽广的心胸，百折不挠的意志和化解痛苦的智慧。

换句话说，人不单单是活在物质里，更是活在自己的精神里。如果物质没了，你可以去争取；但一个人的精神垮了，没有人能救得了你，上帝也不能。

也许有人会说，简单生活吧，我可以什么都不想了，也不需要进取，这么一来，生活品位是不是就该下降了？我在此说明的一点是，你的生活品位和生活质量并不会因为简单的生活而受到任何的妨碍。所谓简单的生活，只是让你追求一种内心的平淡，升华自己的心境，它是一种可以在繁华世界里找到宁静生活的本领，纵然走在人生崎岖黑暗的路上，你也可以找到光明出口的能力。

因此，虽然人生无常，但是生活可以简单，简单的生活来自美好的心境，好的心境是自己创造的。放弃心中的怨恨和叹息，美好生活就唾手可得。不要指望改变别人，自己做生活的主人。

第七章 心禅：一念转境，尘缘三千化尽

富贵、贫贱、卑微、金钱都生不带来死不带去。很多人忙忙碌碌，不停地为自己谋取利益，身心在奔波中疲惫不堪。真正内心强大的人在荣辱和得失面前会变得坦率、洒脱，提得起也放得下。不管人生会遇到什么，我们要做到得意的时候淡然面对，失意的时候坦然对待，这样人的心灵也会变得平和怡然。

简单生活，苦日子也能过成甜

简单地、毫不紧张地生活使心灵充满欢乐，就像欢乐的孩子们一样，这样您会有很多很多的收获，不知不觉地超脱出周围的一切了。

——果戈理

我们学习数学的时候，都要学习化简公式的技巧。其实，不只是计算中需要合并与化简，我们的生活方式和思维方式也需要化简。精兵简政，简单的生活里藏着大大的甜头。

很多时候，我们自己认为生活悲苦，生活就会笼罩着一层愁云；我们认为自己生活富足，生活就不会被哀叹抱怨所浸泡。内心是悲伤或者高兴都是自己营造的一种情怀，这却关系着我们生活的质量。心里害怕吃苦的人，遇到任何事情都会觉得被烦恼和痛苦缠绕，生活没有一丝乐趣。而简单生活的人，即使面对真正的苦难也能保持身心的放松，不因痛苦的投射在心理留下任何阴影。

我有一个同事，是一个很上进的年轻人。三十岁出头的年纪，家中有一个温柔贤惠的妻子，还有一个调皮可爱的儿子。在别人的眼里，这个同事有一个值得羡慕的家庭。但是，这个同事却常常眉头紧锁，觉得自己的日子十分辛苦。一个部门聚餐，这位同事郁郁寡欢一个人喝闷酒。我走过去陪他聊天，以宽慰他内心的苦楚。酒喝到一半，同事已经有了微微的醉意。他一边拿着酒杯，一边向我诉苦。他说："我已经到了而立之年，但是现在一家老少还住在租来的房子里。为了方便照顾孩子，我租了一间四十平方米的一居室。父母要照顾孩子就住在卧室里，我和老婆就在客厅搭了一张床住。平常做饭洗衣服就变成了一件艰难的事情。一到夜里，我父母起夜去厕所，都要经过我们临时搭的床。好几次被父母的脚步声惊醒，导致我现在神经衰弱。"

我说："要是觉得不方便，就把父母送回老家吧。"

同事更加为难，他幽幽地说："父母不在这儿，我们夫妻每天都要上班，照顾不了孩子。我妻子因为要接送孩子，每天的考勤都是红灯，领导已经对此不满意。你说，这日子过得很苦，不是吗？"

我微微一笑，语重心长地说："你之所以觉得痛苦，是因为你把所有的压力都归结到自己没有房子上了。即使你有了房子，这样的苦日子会变成另一种形式的困难折磨着你。如果你能将生活简单化，或许会有好的收获。"

"那我应该怎样简单化呢？"同事问道。

"这还要看你自己。你要学会放下生活的包袱。你说的这些困难就不会是困难，而是一种甜蜜。现在你有父母陪在身边，儿子成长在膝下，还有什么比这更温馨的呢？如果你父母不在这里，你可以将孩子送到全托幼儿园，老师会给孩子最好的照顾，你们夫妻也能更好地工作。"同事听了，觉得有道理。之后他调整了心态，怀着一颗美好的心态去面对生活，将生活中的纠纷简单化，他也觉得轻松了不少。

生活中人们总会遇到这样那样的苦闷和痛楚，官场中的人需要承受钩心斗角、尔虞我诈，其中的痛苦不言而喻；职场中的人需要承受业绩和升职的压力，还要处理好同事之间的人际关系，日子也是苦不堪言。家庭中的人需要维持家庭的生计，还要照顾家人的日常生活，也摆脱不了苦闷的纠缠。事实上，人们所处的外在环境与人们的心理紧密地联系在一起，它不由自主地束缚着人们的天性，既给人们带来了身体的疼痛，也带来了心灵上的创伤。

将生活简单化，才能怀着一颗简单纯净的心去面对生活的苦难，才会坦然面对悲苦喜乐的无常，度过生活的厄运。所以，我们不要感叹命运的不公，也不要因为生活的困苦而埋怨。简单地心态就容易从心理上为自己找到准确的定位，也能创造更多无穷的价值。这样生活的苦也不完全只是苦涩了，也许还能品尝出另一种甜蜜。

不受迷惑，坚持就在放手的一刹那

要对任何事物没有丝毫的牵挂或不舍，能如此，才谈得上是自在，是解脱。

我们生活在这个世界中，会经受很多的诱惑。每个人的生活中也总会经历一些事情，这些事情有好的也有坏的，有自己喜欢的，也有自己不喜欢的。生活方式有很多种，不管我们拥有什么样的生活状态，重要的是我们在这样的状态下心灵能否富足？如果我们苦苦追求得不到的，难以放下已失去的，我们也很难体会到快乐的所在。

事实上，只要是生活就会遇到大大小小的迷惑。陷入感情纠葛的人，很难控制自己的情绪和理智，哭闹纠缠的不一定能得到想要的结果，断然放手的也不一定失去所得。受到金钱迷惑的人，因获得某些利益不惜背叛自己的朋友、亲人，他们爱财如命，为了得到金钱钩心斗角，你争我夺却不一定获得自己的期望。在乎名誉的人看重自己的声誉，他们喜欢争强好胜，为了维护声誉累得死去活来。所以，很多人抱怨自己生活很累，他们不仅在心理上承受了巨大压力，也因为精神的高度紧张导致身体虚弱。那是因为我们执着和受到迷惑的东西太多，不愿意放下拥有的任何一个，背负的太多，自然会身心疲惫。

如果你现在因为爱情而伤感，因为失恋每天愁眉苦脸，不愿意放开对方的手，那么最后受伤的仍是你自己。如果你因为工作中的不如意而钻牛角尖，陷入自责和后悔之中，那么你的错误会越来越多。很多时候，我们只需要放开自己的双手，让自己的心灵沉淀下来，冷静地处理眼前的困境，才能找到更好的解决方案。

我的朋友谭笑有一个谈了八年的男朋友。他们大学的时候开始恋爱，两人毕业后，谭笑的男朋友选择了读研，谭笑就在他们的城市找了一份不错的工作。后来男朋友继续读博。两人的关系一直不错，两家老人对他们也十分满意。谭笑一直以为男友工作之后就会和自己结婚，两人幸福地走完一生。可就在不久，男友突然提出了分手，理由是有了新欢。

谭笑想不到八年的感情最后竟然是这个结局。刚开始，她接受不了这种结局，她将分手的原因归结为自己对男友不够体贴。于是，她每天去男友的学校缠着男友，请求男友的原谅。这让男友对她更加不屑。这样坚持了一段时间，谭笑觉得两人复合的希望越来越渺茫。她忍受不了这种痛苦，在一个深夜，选择了吞安眠药。

经过及时的抢救，谭笑脱离了危险。但是这样并没有挽回男友的心。谭笑的父母十分痛心，他们只好把谭笑送出国去，让她换一个环境忘却这段悲伤的感情。

其实，谭笑之所以放不开，是她不懂得拥有和失去都只是一种生活体验而已。又何必执着得到呢？修禅者修心，内心富足的人懂得拥有的时候珍惜，失去和得不到的时候放下，即使是心爱之物也不必执着，这样的心灵才不会因得到或者失去或喜或悲。

人生总会遇到一些痴迷之物或者让人痴迷的事情。迷恋一件事物并没有错误，但是因为迷恋一件事物而伤害他人或者伤害自己，都不值得。不管再名贵的东西，我们都不要用别人的信赖和情谊换取；不管再喜欢的东西，不要不择手段去索要。即使是痴迷也要对自己的行为有所节制。否则，我们的心灵很容易受到失去的束缚。

得不到的并不是因为自己能力不足或者心理弱小，得不到依然能怡然自乐的人，他们不会在意自己的得失，不会因为得不到而痛楚，不会用得到的东西证明自己的能力，这样的人具有强大的内心。正所谓“事来时不惑，事去时不留”，以放下的心态去面对得失，才能得到自在的快乐。

修一颗不为身体境遇所动的心

> 能做到成败骤然降临而不惊，宠辱无故加诸己身而不动，便是拥有了一种笑看花开花落的淡定和智慧。

在社会上，人们免不了去追求舒适的物质生活，令人艳羡的社会地位和显赫的名声。还有些人去追求时尚、流行，这些都是对物质的渴求和对身份的推崇。为了得到这些惹人艳羡的物质生活，人们拼命工作、奔波操心、四处应酬，更有甚者投机取巧，做一些损人不利己的事情。所以，很多人会觉得现在的生活又忙又累，身心都会受到境遇的影响。其实，一个人有什么样的心理状态和这个人的处境有着很大的关系。处在一个什么样的位置或者身体上受到什么样的痛楚，都会影响人的心理状态。

如果一个人追求的不是高官爵位，他就不会因为得到官位而喜不自禁，也不会因为前途渺茫而奔波劳累，如果一个人追求的不是名誉荣耀，他就不会因为盛名在外而骄傲炫耀，也不会因为名声败坏而悲痛难过。这样的人不管遇到困苦还是富贵，都能表现得豁达洒脱。佛家常说的“修心”也是让人们修得一颗不为身体境遇所动的心。这样的人在荣辱和得失面前都会变得坦率、洒脱。

有这样一则故事，北宋时苏轼在江北的瓜州任职，与金山寺的佛印禅师十分要好。他们经常一起谈经论道，谈论诗词歌赋和人生哲学。苏轼有了好的想法和诗词都会第一个给佛印看。佛印禅师也仰慕苏轼的才学，对苏轼甚为尊敬。这天，苏轼自己觉得修行大增，就写了一首诗给佛印。这首诗说："稽首天中天，毫光照大千；八风吹不动，端坐紫金莲。"苏轼在诗中说自己现在的修行很高，不会受到任何情绪和境遇的影响。

佛印收到这封信之后，微微一笑。他拿笔在纸上写了两个字，又让送信人把信拿了回去。苏轼听说佛印禅师有回信，十分欣喜。心想佛印禅师一定会对他的修行赞不绝口。他拆开佛印的回复之后，看到纸上只有"放屁"两字。苏轼十分生气，马上跑到寺院去找佛印禅师理论。他到达寺院的时候，佛印正在讲经布道。苏轼不顾这些，跑到大殿上气呼呼地对佛印说："你一个修为高深的禅师，我敬你尊你，把你当作我的好朋友，你不欣赏我的诗，我的字，我的修行，怎么今天还骂我呢？"佛印禅师面无表情，淡然地说："我骂你什么了？"苏轼把诗扔在佛印脸上。佛印哈哈一笑说："你说自己八风吹不动，标榜自己修行高，怎么我一个放屁就让你匆匆赶来了。"苏轼听了惭愧不已。

其实，苏轼的八风吹不动也是一种身心不随境遇所动的态势。这句话说来简单，要落到实处并不容易。这种修为是心理上的一种成熟，内心强大的真正表现。我们要想从心理上做到达观洒脱，需要用广阔的视角去看待事物本身，运用全方位的思维方式来看待问题。如果我们从思维上钻牛角尖，遇到不如意就耿耿于怀，看到不顺心就心烦意乱，又何来的不为境遇所动呢？

做到不动心，是要从心理上调整对待事情的态度。心灵的体验是现实生活的真正态度。不动心可以不为名利而动，不为磨难而动，不为权利而动，不为他人的言行而动。不论是赞美、羞辱、侵害、美誉，我们都要理智面对，坦然承受。为人做官的时候能做到荣辱不惊，不去不留；手握钱财的时候能做到去留无意，失之不忧。这是人们心理上的一种淡然和平和。

有人说："最大的荣誉是没有荣誉"，真正心理强大的人会看淡外在的一切事物，包括一个人的出身、地位、钱财、容貌、生死。这种不为所动的心境不是不去追求自己想得到的，不是不去争取自己应该赢取的，而是他们有一种笑看花开花落的淡定和智慧。

我们生活的路上，总会遇到一些波折和磨难，面对这些坎坷的时候，人们的心理不仅会受到影响，我们的工作、家庭、生活也会受到侵扰。有时候，心理压力过大，人们的身心都会受到影响。这就要求我们修一颗不为身体境遇所动的心，增强我们的心理承受能力，达观地面对生活。不管人生会遇到什么，我们要做到得意的时候淡然面对，失意的时候坦然对待，这样人的心灵也会变得平和怡然。

清除心上的毒素，释放心灵

与其让嗔怒之气影响我们正常的心理，不如放开胸怀，静下心来，默享生活的原味。

心灵上也会有毒素？不错，人们遇事产生的贪念、嗔念、怨念、恨念，这些都是我们心理上的毒素。有些人不热衷于名声，不在乎自己拥有多少金钱，不在意自己的身份地位，这本来是一种很淡然的生活状态，但是这个人却看什么都不顺眼，对什么事情都不满意，看到自己不愿意的就愤愤不平。这样的人从心理上把他人与自己对立起来，心中布满毒素，又怎么能拥有安宁的生活呢？

我们生活的环境，总免不了与人接触，免不了与人磕磕碰碰，也会遭受到别人的误解和诽谤。从心理角度来讲，如果我们对什么事情都不满意，看什么都不顺心，心理的状态反馈到语言上面，你的一句话、一时之言都会放大你对他人的责难，也很容易产生误解和中伤。一个人之所以会有这种心理，很大程度上是心理承受能力弱小。我们想通过某些事情证明自己很强大，却发现别人的想法与我们相左，心理承受能力弱小的人的心理会产生扭曲，他们不能接受与自己不同的事物，尽力为自己辩解，最后还非得以牙还牙拼个你死我活。这样的人心中的怨恨和愤怒越来越多，心理上的毒素慢慢积压，最后成为心灵的负担。

我有一个医生朋友曾经给我讲过这样一个事情：一天，他正在为病人诊断病情，闯进来一个年轻人，这个人看起来十分愤怒，他大声地咒骂医生没有医德。旁边的人一问，原来是这个年轻人的父亲在这家医院诊治，医生是父亲的主治医师。但是，父亲住院一个多月了，病情却不见好。年轻人很着急，就把怨气撒在医生身上。

我的医生朋友听到他的无理辱骂之后，一直默默不语。等到这位年轻人平静下来，他问年轻人说："你家里平时会有访客吧。"

年轻人说："有啊，你为什么这么问我呢？"

我朋友说："如果家里来了客人，你会不会款待客人呢？"年轻人说："我们家人十分好客，家里来了客人都会款待对方。"

朋友继续说："如果你准备了菜肴，但是访客不接受你的款待径直走了，菜肴应该归谁呢？"年轻人说："他走了，菜肴还在我家当然归我啊。"朋友听完，认真地看着这位年轻人说："你今天说了我很多坏话，也咒骂抱怨于我，但是我并不接受它，你的无理谩骂，不是应该归你自己吗？"年轻人听了惭愧不已。

朋友继续说："如果你心中有多少怨气，就会有多少毒素留在你体内，这些愤怒的情绪和毒素留在你的身体，不仅会影响你的心情还会影响你的心理状态。毒素越多，你的负面情绪就会越多，也会看什么都不顺眼。与其这样痛苦，不如放开你自己，释放你的心灵，这样才能真正地得到快乐。"

遇到挑衅、质疑、否决，你会对别人做出什么反应。有人会气急败坏，而有人反而能坦然接受，淡然处之。其实，这种反应决定了人们处世的态度和行为。从表面上看，气急败坏地反驳别人的观念或者看法，更能维护自己的态势。其实不然。从心理学角度来讲，在一场心理博弈中，气急败坏的人更容易输。

在别人面前，我们喜欢制造出一个强大的印象，这也是一种自我保护方式。尤其是遇到纠纷或者出现摩擦的时候，做出一种强硬的姿态，通过这种方式展示自己不可逾越。相反，人越容易动怒，心理的毒素就会越多，就会暴露自己的怯弱。不怯弱不一定就要表现出不怕死，不在意。它是在人们提出异议或者质疑的时候能坦然接受并从容以对。

一个人真正的强大不是在气势上，也不是能将这份嗔念和怨气发泄在别人身上。事实上，人心里的怨气越多，说明这个人看不开的事情越多。不管遇到什么事情，我们不妨放下这些纠结和不平，敞开自己的心灵，拔除嗔怒的毒根，做一个轻松之人。

心安身安，忙碌便是欢喜

> 人心安定，环境即太平，便见世外桃源，生活中的忙碌便为欢喜。

对现代的都市人来说，忙碌成了一种生活的常态。我们经常可以见到这样的生活情景：早上起床忙着收拾东西上班，到工作单位忙着赶项目。晚上回家忙着做饭，忙着带孩子，忙着照顾家人。忙着工作的人希望赶快做完项目，好给自己留点空间，却不想越忙越错，心情越来越急躁。忙着照顾家庭的人，想着赶紧把手中的事情做好，要收拾孩子弄乱的房间，要做老人喜欢吃的饭，事情越想越多，越来越乱，心情越来越急躁。忙着找工作的人这家也想去应聘，那家也想去试试，最后不知道自己到底适合什么。忙碌的生活中到处充满着躁动的情绪和烦恼。忙来忙去，我们每天不停奔忙，心灵却难以平静祥和。这样忙碌的生活却给不了我们心灵上的踏实、充实。

这究竟是为什么？

我们也会看到这样的情况，同样多的事情，有人忙得焦头烂额，手足无措，而有人可以泰然自若地处理完每一件事情。他们或许因为事情繁重会导致身体疲乏，却因为有着一颗清净洒脱的心而快乐地生活。有智慧的人总是懂得在忙碌的生活之外存一颗娴静淡泊之心。

一位禅师四处云游，在外修行三十年回到原来的寺院。几十年过去，当年年富力强的师父也已经变成了垂暮老人。禅师向师父述说了自己在外三十年的见闻。师父安详地听着，对禅师的见闻非常赞赏。最后师父问禅师："这些年云游在外，你一切都好吗？"

禅师觉得师父真的老了，只关注身体的状况，就笑着对师父说："我一切都好。师父，您一个人都好吗？"

师父说："很好。我要讲经、说法，还要写佛家著作，有空余的时间还会抄写经书，每天都很忙啊。"禅师对师父说："您年纪大了，应该多多休息。"

第二天，禅师还在睡梦中，就听到外面有扫地的声音。禅师起床看见师父亲自拿着扫帚在扫地上的树叶。天一亮，师父就忙着给来寺院的信众说法讲经，到了晚上，师父还要批阅各个徒弟的心经，忙得不可开交。夜深了，师父终于停下手中的活，禅师就走到师父面前说："师父，您这么忙，我怎么还是觉得您很快乐呢？您有什么秘诀吗？"师父笑了，说："心境清凉，忙碌便是欢喜。"

在寺院中操劳一生，也能做到心境清凉，这不是一件容易的事情。但是禅师的师父却能做到井然有序地处理生活，做到心安身安。生活中的事情是忙不完的，所以很多人都在赶时间，做完这件还有那件需要做。我们紧张地与时间争夺，最后却忘记了自己工作的目的。与其不厌其烦地被工作驱使，不如在面对繁重的工作时坦然面对，将工作的大小、轻重、缓急分辨出来，再一件一件地去处理，能做到的就尽全力完成，做不到的也不要勉强。这样不仅能保证工作的速度，还能在忙碌中体味到充实和快乐。

无论是工作还是生活，积累起来，我们就会越来越忙。这样的状态会无形中增加压力，背负的东西太多就容易给我们的心理增加负担，很容易产生焦躁、烦闷等负面情绪。其实，生活总会被大大小小的事情填满，在处理这些问题的时候，我们的情绪、心理都会受到影响。有时候，忙碌的时间太长，人们的心理防线就容易崩溃。

所以，我们在生活中要保持心境平和，体会忙碌就是欢喜的乐趣，做到心安身安。心情烦闷的时候，需要我们转换对生活的态度，持一颗清净的心，带着激情去生活，将眼前的每一件事当作修行，把生活和修行结合起来，在忙碌中实践并体验生活。这样，我们的心境才能越来越宽广，心灵也会越来越富足。

不拘于外物，便是轻松

> 不拘于外物，不以物喜，不以己悲，给生命一份从容，给自己一片坦然，心境就不会随外界的变迁而变化。

人们刚出生的时候，两手空空而来。当我们还是一个婴儿的时候只懂得饿了就吃、困了就睡、开心就笑、痛苦就哭。那时人的意识还没有形成一个完善的机制，除了这些基本的生理需求之外，不在乎自己是否出身名门，不在乎父母是否身居高位，不在乎有没有家财万贯的荣耀。因为不拘于这些外物，那时的生活简单却充满乐趣。

然而，随着思想的慢慢成熟，我们对外物的占有欲也越来越强。人们在你争我夺的社会中，品尝过财富和权势的味道，就想越要越多；拥有了顺心的工作，还想拥有与之相匹配的工资；遇到了美好的爱情，还幻想着将来会遇到更好的而不知道珍惜。久而久之，人们受到的诱惑越多，心灵的压力越来越重，心理空间越来越少。各种各样的累赘物品存放在我们的心灵，让我们没有呼吸的空间。我们的生活变得越来越复杂，心灵却越来越痛苦。

事实上，拥有再多的外物与人的幸福都没有任何关系。幸福本身与简单和轻松密切相关。它不是拥有多少钱财，不是拥有多高的名誉，而是人们心灵的平和和安宁。

一个心理学家曾经遇到过这样一件事情：一个中年人来到心理学家的咨询所，他告诉心理学家说："我经常失眠多梦，躺在床上翻来覆去睡不着觉。现在已经患有严重的神经衰弱。很多大医院我都去看过，他们说我的身体没有问题，就建议我来做心理咨询。医生，请你救救我，再不好我就要精神崩溃了。"

心理医生听完他的述说，就问他说："你是不是有什么事情放不下呢？"

患者镇定地看了看心理医生，坚定地说："我没有什么放不下的事情。"于是，心理医生说："如果你不说出你心理的秘密，我也不能帮助你。"

这个中年人吞吞吐吐，最后终于说出自己的秘密。原来，中年人不久前做生意发了一笔横财，他不愿意将钱存在银行。于是，就买了一个保险柜，将这笔钱存在了保险柜里。然而，这也没有让他真正放心。他常常在噩梦中惊醒，一会儿梦到家里的保险柜被撬，一会儿梦到保险柜被偷，以致惶惶不可终日。

心理医生听完他的解释，不禁笑了。他对中年人说："你最大的问题是太拘于外物，如果你能放下金钱的欲望和需求，就会轻松很多。"

在生活中，多一物多一心，少一物少一念，不拘于外物是一种大智慧。我们渴望心灵的自由，渴求生活的轻松，就必须摆脱掉外物的牵绊。人一旦在功名富贵中钻营，就很难停下来思考自己的人生，也很难体味心灵的感受。对外物的执着和追求，是人们心灵痛苦的源头。人们的需求越多，就会想尽办法得到，这样的生活容易让人们觉得筋疲力尽，心灵也容易充满恐惧和忧虑。既然这样，我们不妨静下心来，慢慢放下这些外物的缠绕，轻松自在地生活。

人生中总会遇到一些诱惑之物，受到外物的诱惑并没有错误，错误的是我们抓住这一事物苦苦不放。苦苦抓住钱财很容易患得患失，苦苦追逐爱情就很容易受伤，苦苦抓住名誉就很容易被人唾弃。如果一味地在乎外物而忽视了自己的心灵，也就很难得到快乐。

世界上一切事物都是速朽的，所以我们不必太在意身外之物，不必因为得到或者失去而悲喜，在繁华和喧嚣中保持一份内心的宁静，得到心灵的安顿。

除却贪念，清净心里生欢喜

> 不执着，不分别，不妄想，心就清净。清净心里生欢喜。

美国一个著名的心理学家将人的需求分为生理需求、安全需求、爱的需求、尊重需求和自我实现需求。我们每个人都会有生理需求，吃饭、睡觉、呼吸是人们生活的常态。除了这些，我们还推崇追求富有、名誉、长寿和身份；我们还喜欢安逸的生活、丰盛的食品、潮流的衣物、好听的乐曲等。我们在生活中也会遇到令人烦恼痛苦的事情，这些可能是贫穷、卑微、不好的名声；也可能是没有得到更好的工作、没有更多的钱买漂亮衣服、没有买到最流行的唱片。这些都会让我们的心灵填上忧愁和苦闷。那么，究竟是我们得到的太少，还是我们心理的占有欲太强？

事实上，无论是物质上还是情感上，人们一旦享受其中，所求就会越来越多。还有更多的人为了奢求不择手段地谋求。人们的心理一旦被贪念占据，就会想办法得到想得到的。然而，得到的越多就能证明自己是一个强大的人吗？当然不是，人们希望得到别人的尊敬和赞美。对于一个孩子来说，我们夸奖他，他心理就会得到满足。贪心的心也是如此，他们想通过拥有更多的东西以显示自己的高人一等，想要得到别人的夸赞、膜拜。这是人精神层面的一种需求，但是一种错位的需求。

真正内心强大的人不需要别人的认可，也不需要在意别人的眼光。不管自己是贫穷还是富有，卑贱还是位高权重，他们满足于自己的现状，能把握住真实的自我。

有这样一个牧羊人，他养殖了一大群羊，为了让羊更好地生长，他每天给羊喂食新鲜的草，也常常寻找水草鲜美的地方去放羊。他的羊群繁殖得很快，从原来的几百只很快长成几千只。他虽然生活艰辛，却不肯杀一只来吃。

没过多久，他卖了一些羊，赚了一大笔钱。用这些钱给自己盖了一座漂亮的房子。村里的人都羡慕他，争先恐后地想将自己的女儿嫁给牧羊人。后来，牧羊人挑了一个漂亮的女人结了婚。村里人都夸牧羊人好福气。

牧羊人结婚后还像往常那样去放羊，每天回来住在漂亮的房子里。但是羊太脏了，随处大小便，把家里弄得乱糟糟的。牧羊人十分生气，就把羊赶到院子外面。牧羊人有了妻子，每天要陪妻子吃完早饭再去放羊。可是妻子每天起床太晚了，牧羊人出门的时候已经日上三竿了。长此以往，这些羊因为吃不到鲜美的水草，变得瘦弱多病，不久羊群爆发了瘟疫，羊一个个都死去了。牧羊人变成了一个穷人，房子做了抵押，妻子也离家出走了。

牧羊人有了金钱，就想要房子；有了房子，就想要娶个漂亮妻子。最后却什么也没有得到。贪心会迷失人的本性，让人在欲望中不可自拔。一些人为了得到他想要的东西，殚精竭虑，费尽心机，甚至因为不择手段而走向极端。这些人的心理被贪欲控制，想通过得到的东西来证明自己的价值，最后却迷失了自己。

人生的乐趣并不是依靠获得多少来衡量。如果一个人因为得到了多少东西来衡量自己的价值，那么这个人就不会找到真正的价值。真正强大的人是不会在乎自己得到多少东西。如果一心算计，斤斤计较，心灵也得不到安宁。有很多事情，做到何种程度由我们自己来控制，内心强大的人往往能控制自己的欲念，做到适可而止，而内心弱小的人不是做得太少就是做得太多。

在人生的旅途中，有太多的成与败、得与失、是与非等，一个人内心弱小就会任凭那些贪欲纠结于心，那就等于给自己套上了沉重的枷锁，背上了不可卸载的包袱，就会活得很苦、很累。相反，内心强大的人会除去内心的贪念，得不到的也会学着放手，不可得的也会放下，这样的人，才是用心灵生活的人。这样的心灵，才是清澈、没有累赘的心灵。

摆脱依赖，为自己的悲喜埋单

在这个世界上，谁也不是谁的唯一，谁离开谁，生活都将继续。你不必为任何人停留，也没有人必须为你停留。走自己的路，做自己心灵的主人，不论成败，为自己的悲喜埋单。

不知道你是否意识到这样的一个事实，一个我们经常持有的误解，以为可以永远会从别人那里寻求帮助。遇到了麻烦总是想谁谁谁可以帮我解决，这个人也许是父母，也许是男朋友、女朋友，也许是同学、同事……当求助于别人而不得的时候，还会怪罪别人的冷酷。可是，往往却忽视了一味地依赖他人，只会导致自己的懦弱。

有时候，我们会甘愿把希望寄托在别人身上，不积极地创造条件改变自己的命运，而是自主自愿地让一切都掌握在别人手里，被动地对待人生。

还有一种依赖大多数的从众心理。我们产生不了独立的见解，也不会从自己的实际情况做出切合实际的选择，而是人云亦云。

摆脱一份依赖，就多了一份自主，也就向自由的生活前进了一些，向成功的目标迈进了一步。我们要清醒地面对自己，在这个世界上没有谁离不开谁，只是看你愿意不愿意、舍不舍得。

肯尼迪总统一直是美国人民的骄傲，毕业于哈佛大学的他同时也是哈佛人的骄傲。肯尼迪之所以取得如此非凡的成就，离不开父亲的悉心培养。在肯尼迪很小的时候，老肯尼迪就特别注意对儿子独立性格的培养。

有这样一对夫妻，妻子是一个温柔可人的女人，她贤惠懂事但是依赖性很强。与丈夫结婚之后，老公在国企上班工作稳定，她在家做全职太太。平时在家养花种菜，生活过得十分惬意。但是这位妻子是一个没有安全感的人，什么事情都不敢自己去做，喜欢让老公帮着做。她平时在家养花，老公就要在旁边帮着插花、浇水；老公不在身边半小时以上，就会给老公打电话问老公在哪里。老公平常上班后，她每隔半小时打一个电话，有时候还装病让老公回家陪她。这位妻子对老公的依赖，让老公苦不堪言。造成她依赖心理的主要原因就是缺乏独立性。

有些人内心弱小，他们害怕一个人做事情，害怕单独面对问题，不敢自己处理问题，这些都让他们对亲近的人产生依赖。内心强大的人有足够的知识和处理问题的能力，哪怕是非常棘手的问题，也能在冷静思考后做出准确的决策。

过度地依赖只能让我们越来越把持不住自己，总想不自觉地活在别人的庇护中。要想破除依赖心理的限制，首先要对角色定位有一个清晰的认知。从心理层面上分析，那些活在别人庇护下的人，不敢将自己真实的一面展示出来。他们总是在内心暗示自己做不到那些事情，从本能意识上依附于他人，心理上自然弱了三分。

所以，不管遇到什么事情，不要依赖任何人，永远不要把希望寄托在一个人的身上，同样的，永远不要把自己的幸福维系在寻找一份感情的归宿上。

自立坚强与自身能力大小无关，而是一种习惯。譬如我自己的工作经历，刚刚参加工作的时候，我遇到了一个很赏识我的“老领导”（同事戏称）。收到别人的投稿或是编辑好的材料，她总是粗略地选一遍，然后把选出来的东西一起交给我，指导我如何修改文章。遇到合适的选题，她会教我如何找材料，确定选题的走向，甚至教我如何与他人沟通，如何在同事的竞争中崭露头角。我们一起工作了差不多一年的时间，相处得亦师亦友。后来因为孩子的教育问题，她选择了调到另外的城市工作。我在相当长的时间内不知道该如何处理工作中的问题。和新上司相处不来，工作业绩也是一路下滑。

在一次给“老领导”打电话诉苦的时候，她的一句话让我十分触动，她说：“以前我可以帮你，给你工作上的建议，这些你都学会了，就要变成你自己的东西。你现在的工作，包括你以后的人生道路，只能靠你自己。如果总是想着依靠别人，那你永远也坚强不起来，也不会有独创力。”

这样的教训让我找到了自己生活状态中的缺陷，在以后的工作中慢慢调整自己，做回了自信坚强的我。工作业绩开始回升，与领导也不再针锋相对。

其实，不论是生活还是工作，我们每个人都需要他人的帮助，但是在接受他人帮助的同时，也不能丢掉自己的主观能动性。做事要征求他人的意见，尊重他人意见，但他人的意见仅供参考。摆脱依赖，才会感受自信的力量，享受自主、自立给自己带来的踏实。在这个世界上，谁也不是谁的唯一，谁离开谁，生活都将继续。你不必为任何人停留，也没有人必须为你停留。走自己的路，做自己心灵的主人，不论成败，为自己的悲喜埋单。

给自己一个放下的机会

> 不要太在意别人怎么看，或者别人怎么想；别人如何衡量你，也全在于你自己如何衡量自己。谁怕死，谁就已经不再活着。
>
> ——左伊默

在很多事情中，我们总会遇到进退两难，提放不得的境遇。你想跳槽，得到一个好的职位，又放不下现在与你共事的朋友和同事；你想做一件大生意，又害怕风险太大，会遇到什么磨难；你想给自己一段假期，休息调整，又担心工作完不成。放不下的事情太多，就会成为我们的负累，变成了我们的心魔，时刻影响着我们的生活。

要想提放自如，并非一件简单的事情，这一点想必大家都有体会。我们总是很容易提起一件事情，想要放下，却十分不易。很多佛法书上说人生时有这样一句“因果不可思议，因缘不可思议”，所以当提则提，当放即放。因为放不下，所以这些放不下的才会时时出来折磨我们，久而久之成了去不了的心病，年岁越久越是去不了根。若是我们把自己的心当作布袋和尚手中的口袋，既提得起，又放得下，那么，世上还有什么去不了的心魔呢？

布袋和尚是五代后梁时期的一个僧人，可以说是大肚弥勒佛的原型了。相传有一天，有一位僧人想看看布袋和尚有何修为，故意跑去问他："什么是佛祖西来意？"布袋和尚听罢，只是放下口袋，叉手站在那儿，一句话也没说。

僧人又问："就这样，没别的了？"布袋和尚又把布袋扛上肩，拔腿便走。

那僧人见了，嘴中嘀嘀咕咕地说："原来是个疯和尚"，也就起身离去了。哪知刚走几步，却觉背上有人抚摸，僧人吃了一惊，回头一看，正是布袋和尚。布袋和尚伸手对他说："既然已经得道，给我一枚钱吧！"

原来，布袋和尚放下口袋，是在提示我们生活之中要放下，随即又扛起布袋，是在教我们人生之中要懂得拿起。虽是两个再简单不过的动作，教会我们有时需要放下，有时需要拿起。我们却常常该拿起时拿不起，该放下时放不下。

我们中的大多数，总是提不起意志力和战斗力，放不下成败进退的企图心。我们都渴望成功后的辉煌，惧怕失败后的窘境，却做不到为了成功而坚定意志，百分百的投入。或者说投入了五分，就要求别人最起码投入五分，一旦发现别人的投入没有自己多，或是背弃了自己的付出，就会邪魔入心一般，钻进牛角尖里拔不出来，这也是为什么我们身边会有那么多报复他人的社会新闻的原因。

我一个从前的同事，与男友相恋了六年，从大学的时候俩人就十分要好。为了男朋友，她孤身来到大城市，陪男友打拼，可以说将自己的一切都献给了男友。有一天，她发现男友和他以前的高中同学搞暧昧，而且瞒了她一年，她大为恼怒。伤心之下，她决定报复自己的男友。她默默忍耐，对男友更好，对男友的家人照顾有加，做了很多让他们感动的事。当男友大张旗鼓地发下请柬，到酒店交了婚宴款，筹备婚礼时，她却突然变卦，宣布要与另外一个男人结婚，让所有的人不知所措。

她的报复算是成功了，但是结果又能好到哪里去呢？当初是她无意之中被男友伤害，而现在不过是她自己选择被伤害罢了，这一次并没有比上一次少多少痛苦，而且还要承受双方父母的不理解。世上最大的伤害莫过于我们对曾经有过的伤害不能释怀。每一次记起曾经受到过的伤害或磨难，不过是将伤害再重温一次。

现实生活中，与人相处难免会有摩擦，有时候甚至会因为利益问题而彼此抱怨、仇恨、出卖。这个时候，要提醒自己不斤斤计较，不去对抗报复别人对我们的仇怨，只有这样我们才能收获人生的豁达和生活的和谐。

宽恕别人所不能宽恕的是一种大德。以仇恨对抗仇恨，以抱怨对抗抱怨，互相敌视的双方永远都不可能生活在平和的环境之中。当我们改变自己的处世方式，以达观的态度看待世界时，一定会改善自己的生活境遇。生活像流水一样，在流动之中带来恩惠，带走仇怨，我们自己不妨如同河岸一般，在风云变幻中岿然不动。

随缘是悟，保持一颗禅心

随缘自适，过滤掉浅薄的杂质，可以避免无聊、荒谬的事情发生，沉淀出生活中的纷纷扰扰。内心沉淀下来的快乐才是永远。安之若素，沉默从容，往往要比气急败坏、声嘶力竭更显涵养和理智。

地球上有60多亿人口，每个人一天不偏不倚地同样拥有二十四小时，有的人活得自在惬意，有的人却过得十分痛苦。这是件多叫人困惑的事？

现代生活复杂多样，信息爆炸、科技发达，可是人们的烦恼之事较之前人却多了很多。许多人都在探求烦恼之事的来源，其实来源只有一个，那就是人们不愿接受顺其自然，做不到随缘自适。人之所以产生烦恼，是由于我们对某物的执着和放不下。我们总是希望事情按照我们的意愿去发展，总是一厢情愿地坚信如果宇宙有中心，那么中心就是我们自己。不幸的是，现实正好相反，我们却依然执着于自我的意愿，烦恼之事可不就会源源不断了吗？

一切随缘，怀抱一颗禅心，才不对权势显赫眼红心热，不对金银成堆望眼欲穿，不去追求声名鹊起，不去羡慕香车豪宅。这些人不管是在低谷还是在人生的巅峰，都会做到坦然面对，安之若素。

一个年轻人大学刚毕业的时候，正赶上公务员考试。考试结束后年轻人在一个私营企业找到了一份待遇丰厚的工作。工作一个月之际，他发现自己过了公务员的笔试，需要去面试。然而，面试的那天公司要派他参加一个重要会议。这个年轻人思量再三，觉得自己更适合现在的工作，没有去参加面试，而是选择了参加公司的重要会议。

两年后，这个年轻人在这个企业发展得十分不如意，而当年和他一起参加考试考上公务员的朋友却都过上了十分舒适的日子。年轻人十分悔恨，他觉得自己做错了选择，才导致自己人生轨道的偏斜。在后来的工作中，他一直因为后悔而郁郁寡欢，精神萎靡，并且老做错事情，常常受到老板的批评。这位年轻人因为人生路上的一次选择失误而失去了信心，不能做到一切随缘，他也陷入到一个恶性循环之中。

如果这个年轻人能坦然地面对得失，他既然选择了自己喜欢的工作，也要相信自己有能力做好。然而，这种内在的喜欢并没有给他心理任何力量。相反，他因为自己错失了良机而郁闷纠结，这正是他不能做到一切随缘。

事实上，这种释然的态度才是最珍贵的。什么是真正的随缘自适呢？不知道你是否观察过呱呱坠地的婴儿，婴儿生下来都是两手紧握，仿佛想要用力抓住些什么；可是你再看看垂死的老人，老人在临终前都是两手摊开，一切都不要了，撒手而去。命运就是如此弄人，人两手空空来到世间，偏让他攥紧双手；人双手满满离开人世，又偏让他撒开双手。

既然如此，索性一切随缘，解脱自己。

熟悉佛法的人一定听过寒山问拾得这则偈语，寒山问拾得说："如果世间有人无端地谤我，欺我，辱我，笑我，轻我，贱我，恶我，我要怎么做才好呢？"

拾得回答道："你不妨忍他、让他、由他、避他、耐他、敬他、不要理会他。再过几年，你且看他。"

寒山再问道："除此之外，还有什么处世秘诀，可以躲避别人恶意的纠缠呢？"

拾得回答道："弥勒菩萨偈语说——老拙穿破袄，淡饭腹中饱，补破好遮寒，万事随缘了；有人骂老拙，老拙只说好，有人打老拙，老拙自睡倒；有人唾老拙，随他自干了，我也省力气，他也无烦恼；这样波罗蜜，便是妙中宝，若知这消息，何愁道不了？人弱心不弱，人贫道不贫，一心要修行，常在道中办。”

凝思片刻后，拾得接着说：“如果能够体会偈中的精神，那就是无上的处世秘诀。”

随缘自适，过滤掉浅薄的杂质，可以避免无聊、荒谬的事情发生，沉淀出生活中的纷纷扰扰。内心沉淀下来的快乐才是永远。安之若素，沉默从容，往往要比气急败坏、声嘶力竭更显涵养和理智。对感情要不执不舍，对五欲要不拒不贪，对世间要不厌不求，对生死要不惧不迷。拥有一颗纯净飘逸的心，随时随地，随心而安。

走出心中的牢笼，自在解脱

痛苦的极致就是解脱。压抑心灵，打击心灵，置心灵于万劫不复之地的，莫如平庸的痛苦，平庸的欢乐，自私而猥琐的烦恼。

——罗曼·罗兰

台湾作家吴淡如女士曾经在她的文章中写下这样一段文字：

“我们的烦恼中，有40%属于杞人忧天，那些事根本不会发生；30%是无论怎么烦恼也没有用的既定事实；另12%是事实上并不存在的幻象；还有10%是日常生活中微不足道的小事。也就是说，我们的脑袋有92%的烦恼都是自寻烦恼，活该你烦恼。只有8%的烦恼勉强有些正面意义。”

吴淡如在书中向每一位读者发问：“看了这些数据，你要不要删除你92%的烦恼？”在所有你认为苦不堪言的烦恼中，原来大部分是杞人忧天、庸人自扰。

烦恼这东西一直就是预想的很多，出现的却很少；自认为乌云盖顶，压得喘不过气来，转瞬之间，就会如同骤雨急停一般，甚至出现雨后彩虹。更何况人生的烦恼大多是自己寻来的，而大多数人自寻烦恼的方式都是如出一辙——带上放大镜检视自己的生活。

为了研究人们的“烦恼”的来源，一位心理学家做了这样一组实验：

心理学家将所有参加实验的志愿者集中在一起，让他们在周日的晚上把自己对未来一周的忧虑与烦恼写在一张纸上，署上自己的名字后，将纸条投入一个封好的“烦恼箱”。

一周之后，又是周日晚上，心理学家打开了“烦恼箱”，将所有的“烦恼”还给所署名的主人，并让志愿者们一一核对自己的烦恼是否真的发生了。结果志愿者们发现，其中90%的“烦恼”并未真正发生。接下来，心理学家让他们把过去一周真正的烦恼记录下来，署上名字，再一次投入“烦恼箱”。

三周之后，心理学家再次把箱子打开，让志愿者核对自己写下的烦恼。这次，85%的人都表示，自己已经不再为三周之前的“烦恼”而烦恼了。

心理学家的实验就是我们的生活写照，我们太容易被一些鸡毛蒜皮的琐事牵绊，反而忘记了自己的初衷，自寻烦恼。佛经上说，魔鬼不在心外，魔鬼就在自己的心中。贪嗔痴疑慢、消极懈怠、忧愁烦恼，无一不是阻碍我们精进的心魔，能降伏心魔的人，也只有我们自己。

我的一个同学，是一个很有才气的诗人。他喜欢用诗歌记录他的生活、他的感知。曾经和出版社合作出过一本诗稿，不过因为市场关系，销量不是很好，对于这件事，朋友们都会为他感到无奈，为了这部诗稿，他自己也投资了几万块钱，这下赔了本，却连吆喝都没赚回来。

一个朋友劝他：“还不如拿着钱出去转转，看看祖国大好河山，还能图一乐！”

而他却说：“只是几万块钱而已，我的诗还在，我的诗情还在。”

朋友们为了书的销量烦恼不已，可是他自己却不在意，正如他所说的，不过是几万块钱，怎么能够影响他正常的生活，让他陷入无奈和愤恨之中呢？在我们的生活中，事情本身并不重要，重要的是面对事情的态度。

19世纪的英国诗人胡德曾说过：“即使到了我生命的最后一天，我也要像太阳一样，总是面对着事物光明的一面。”我们都有这样的感受：快乐开心的人在我们的记忆里会留存很长的时间，因为我们更愿意留下快乐的而不是悲伤的记忆。每当我们回想起那些勇敢且愉快的人们时，我们总能感受到一种柔和的亲切感。只要有一双能够发现美好事物的眼睛，有一颗保持乐观的心，那么即使是再悲惨的事情，也不会让我们悲伤。

我们的眼光是为了看到现时的喜乐而存在的，如果始终将目光停留在消极之处，那么你只会变得越来越沮丧、自卑，无缘无故给自己增添烦恼，还会影响你的身心健康。结果，你的人生就可能被失败的阴影遮蔽它本该有的光辉。悲观失望的人在挫折面前，会陷入不能自拔的困境。乐观向上的人即使在绝境之中，也能看到一线生机，并为此释然。

用发展的眼光看待生命

福祸不定，世事无常，只有认识了事物变化发展的本质，用变化和发展的眼光看待一切事物，才不会偏离生活的轨道。

哲学上有一个命题叫做“人不能两次踏进同一条河流”。世界上的万事万物无时无刻不在变化，所以此河流已经不是彼河流了。水在流动，一切都在变化，我们无法回到过去，所以很多至理名言教我们要把握现在，珍惜眼前人。我想，除了把握最重要的当下，我们更不能忘记的一个词叫做未来。简单的说就是，在当下遭遇不顺的时候，要看到未来包蕴着转机的机会；在当下一切顺利的时候，多为未来做些未雨绸缪的打算。听起来不是什么深奥的道理，但是做起来就不是那么容易，世间的大道理多是如此。

宇宙间万千事物时刻在变化着。任何时间，任何地方，一切的事情，一刹那之间都在变化，不会永恒存在。比如两个人拉手，第一次拉手分开以后，等第二次拉手的时候，中间已经有了很多的变化。先秦时期的哲人庄子自称“无不将也，无不迎也，无不毁也，无不成也”，听凭万物变化，这样的自在境界实在是高明。

有这样一个故事，一次佛陀带着几位侍者出行。正值中午，天气炎热，佛陀觉得口渴，就对侍者阿难说：“刚才我们路过一条小溪，你回去帮我取一些水来喝。”

于是，阿难回头去找那条小溪。到了近前发现，小溪水流太小了，路过的车子和行人，把溪水弄得很污浊，水不能喝了。

阿难回去告诉佛陀：“小溪里的水已变得很脏而不能喝了，我想往前走，我知道有一条河离这里只有几里路。”

佛陀说：“不，你还是回到刚才那一条小溪那吧。”

阿难表面遵从佛陀的话，内心却不服气，他觉得水那么脏，为何还要白费力气跑一趟，浪费时间呢？他走到那里，发现溪水虽没有刚才那般污浊，但仍有许多泥沙，这样的水还是不可以喝，只得又跑回来说：“水还是不能喝，您为何要坚持？”佛陀不加解释，仍然说：“这次，你再去。”阿难无奈，只好遵从。

当他第三次走到溪流边，溪水已经恢复了它原来的清澈、纯净——泥沙已经沉到了河底。阿难心中大喜，赶快提着水回来，拜在佛陀脚下说：“感谢您给我上了如此伟大的一课，无论是小溪中的流水，还是生命的长河，没有什么东西是永恒不变的。”

清澈的溪水变得污浊只是一时的，随着时间的流逝，它会再次恢复清澈。我们如果执着于事物眼前变化，就不可能把握事物的整体，所以用发展的眼光、与时俱进地施行和改变自己的行为，这才是为人处世的最好方法。

佛家说刹那无常，时光每时每刻都在改变，要求一生幸福，那是不可能的事情，因为“幸福就像轻飘飘的羽毛一样难以把握，而艰难痛苦就像脚下的大地一样始终不离左右”，所以人的一生都是身在祸福之中。福祸不定，世事无常，只有认识了事物变化发展的本质，用变化和发展的眼光看待一切事物，才不会偏离生活的轨道。

人生的得失有很多，如果人只顾着过往，看不到未来值得去争取的东西，也许人的生命尚未自我结束，就已经变得枯竭。刹那无常，然则思想可以与时俱进。只要肯放开脚步往前踏出一步，改变将不请自来。

有人说，世上从来没有命定的不幸，只有死不放手的执着。所以，我们大可不必总是羡慕他人的自在与洒脱。他们获得幸福的原因也很简单：不执着于缘。懂得放下，就可以开始新的人生，也便易得逍遥，快乐无穷。世间没有永恒不变的东西，也没有绝对的真理和绝对完美的事物，人所能做到的就是跟随时间的脚步，发展地看待一切，顺时顺应，用心享受旅途中的风景。

不过一念间：随时保有大自在

> 所有已经发生的事情、正在发生的事情和将要发生的事情，都是在帮助你朝那个更伟大的自己前进的。
>
> ——萨娜娅·罗曼

想要抓住一切的人，往往什么都抓不住。生活本来就是一种极其平常又平凡的过程，那些非常态的事物，本来就很难为我们所得。所以对于一些不能企及的事情过分地执着追求，常会让人身心俱疲，结果反而会让自己失去更多。

很多事情都在我们的一念之间。我们常常执着于某种念头，而忽视了人生的道路上本就有很多的岔路口，适时适当地放下心中的执念，随时保有大自在的微笑，才能发现眼前美丽的风景。我很欣赏弘一法师的一句话：事不可做尽，言不可道尽，涵容以待人，恬淡以处世。当我们看清了一念的力量，又有什么看不开、放不下的呢？

佛家所谓大自在，就是进退无碍，心无烦恼的意思。当我们在大自在中，正如处在空空的境地中，空灵寂静，常有微笑。事事用心，偏执执着是修佛之人的大忌。过分的执着后果就是偏执，为了追求而变得苟且或不择手段。然而，由于我们常常执着于某种念头，不到黄河心不死，在追逐执念之中，忽视了生命中的种种美好，失去了得到大自在的可能。

有两个刚刚走上社会的年轻人过得都不如意，于是他们相约一起去拜望一位禅师。两人一起问道："我们工作得十分不顺心，在办公室被使唤来使唤去，被老同事欺负，心中十分苦闷。求您开示，我们是不是该辞掉工作？"禅师只是闭着眼睛，静坐许久，悠悠吐出五个字："不过一碗饭。"就挥挥袖子，示意这两个年轻人退下。

两人回到公司后，一个人递上辞呈，打算回家种田，另一个却选择依然留在公司。

转眼十年过去。回家种田的那个人，以现代的科技方法经营农场，成了当地闻名的农业专家。留在公司里的那个人，他忍着心中气恼、努力提高，渐渐受到器重，后来成为公司独当一面的经理。

两人在老朋友聚会上相遇，成了农业专家的那个说："怪哉！师父跟我们说'不过一碗饭'，我一听就懂了，不过一碗饭嘛！日子到哪里都能过,何必委曲求全？所以就辞职了。你当时怎么没听师父的话呢？"

"我听了啊！"当上经理的那个笑道："师父说'不过一碗饭'，在公司里难免要受气、受累，我只要想到'不过为了混碗饭吃'，从此老板说什么是什么，少赌气、少计较，就成了！师父说的不就是这个意思吗？"

两个人心中迷惑，禅师当年说的到底是什么意思呢？于是，两个人又去拜望禅师。禅师仍然静坐，闭着眼睛，隔半天，这回还是答了五个字："不过一念间。"然后，挥挥手让他二人离开了。

两个人的命运因禅师的一句话而不同，但他们都得到了自己想要的，又何必追究谁对谁错呢？无论是物，还是人对于我们来说，没有一样东西是可以完完全全、真真正正抓住的。对于人生也不必斤斤计较，刻意追逐。

我们之所以成为今天的样子，不都是过去一切的叠加吗？我们总是会抱怨命运的不公和造化的无常，常常觉得我们生命中吃了太多的苦，而实际上，换个角度看待一切，我们就会发现，原来我们所在的宇宙中的万事万物，都是善意的体现。

要知道，我们经历的一切缺憾和不完美，都在帮助我们成为今天的自己，正是这些事情使我们成长。虽然有些痛苦的体验，让我们难以面对，若是我们可以把生活看做一个整体，而不是一盘散沙似的独立事件，站在更高的层面上审视这些不完美，就一定会觉察到生活对我们的善意。

我们对世界的看法、观念决定了我们的环境。一旦我们形成并且坚持某些观念，我们就会秉持这个观念来生活。我们的有些观念，看上去似乎正确，实际上却是错误的。太多的时候，我们需要在一念之间调转思维，这样才会走出偏执，避免偏执，保有人生的大自在。

后记：做出你灵动的人生选择

关于让心灵不纠结的人生话题，本书到这里就基本告一段落了，然而，内心却有了一份不安，这种不安来自对读者期待的预期，也来自自身对这个命题研究的粗浅，总觉得还有很多事没有说清楚，没能说透彻。

时光荏苒，伏案一年多时间，几易其稿，迟迟不敢发稿，这是对读者的一种敬畏，也是对自己才学粗浅的一种畏惧。假如你读完这本书，心头能感触到一丝温暖，觉得我不是在扯淡，我就知足了；假如有人说看完它，自己学到了一些克服情绪、处理问题的方法，我就谢天谢地了——我的付出换来了更多人的快乐，我也很快乐。

看来，人生确实到处充满着忐忑、惶恐和纠结。正因为如此，我觉得更有必要推出这本让人内心不纠结的实用心灵滋养书。

我们每个人都应该对人生做出一种选择：是打算在焦虑中艰难爬行，以至于生命的20年、50年甚至80年、100年，都在焦虑、恐惧和纠结中度过，还是愿意积极提升内心的正能量，做情绪的主人，大步前行，一生过得自适、自在、安逸和幸福呢?

我认为这个问题没有一个人会选择第一种。

因为没有人愿意使生活笼罩在灰暗的负能量下。无论是谁，都希望自己的心情是顺畅的，生活是美满的。那么，从现在开始，从新的起点出发，选择自己灵动的人生。

活在当下，活出真实的自己。

倘若眼下的工作和生活非常舒心，那就美美地享受幸福的生活，天天快乐，天天精彩。

倘若当下的工作或生活陷入了一种困境，那么，用理性的生活态度，让自己积极地应对，保持住乐观，保持住微笑，把困难带来的压力幽禁在达观、幽默、宽容铸就的牢笼中，怀抱希望，让关爱、谦虚、自强、进取、勇气、从容、淡定等正能量为你的人生开山劈路，让生命畅行在快乐的路上。

在此还要唠叨一句所谓的情绪秘诀：尽量让自己简单地生活，别计较太多，也别遇事较真，不忧不惧，欣赏他人，和谐人际，心存善念，知足常乐，热爱生命，珍惜当下，让烦恼远离自己，释放心灵，没有什么可以阻挡我快乐地生活！

家庭和睦，让自己成为家庭的财富而非包袱，真切地关心家人，让家庭充满温暖、关爱、体贴，让家成为每个家庭成员奔波劳碌后温情的栖息港湾。

同事朋友关系融洽，成全他人的快乐，不吝啬自己的善意，宽和仁爱，豁达包容，让和畅的人脉成为你事业的基石，让友谊的力量温暖生命，精彩人生。

他人路人和善以待，至善的力量，真诚的抚慰，关爱别人也是关照自己的内心，有爱心的人处处得善缘，和谐人际使内心如沐春风，自在怡然。

自我成熟，学会自立自强，不依赖于人；有责任心，对人对事有担当；管控好情绪，不轻易动怒；学会付出，不讲求索取；懂得上进，不攀比，不炫耀，沉静坦然，激发内心的能量。

这些内容，既不全面，也不透彻，只作为一种勉励，以求平衡情绪，追求积极人生的警示，也希望能给读者提供一个获取正能量的借鉴。

趁着现在心中涌动的积极能量，给自己的内心和人生做出一个灵动的选择，不必踌躇，也不必纠结，一切重在行动！